儒家
德性思想研究

张 刚 宋 丽 著

湖南大学出版社·长沙

内 容 简 介

德性思想是儒家哲学的核心，通过对其根源、内涵不断探索形成了儒学不同阶段的特色。本文从纵横两条线索系统梳理了儒家德性思想的发展演变过程及基本内涵，认为德性是儒学思考一切问题的出发点和归宿，涵盖了德性思维、德性修养、德性知识等一系列内容。儒学实质就是研究德性的学问，偏离这条主线无法真正把握其精髓。

图书在版编目（CIP）数据

儒家德性思想研究/张刚，宋丽著. —长沙：湖南大学出版社，2020. 11
ISBN 978-7-5667-1934-8

Ⅰ.①儒… Ⅱ.①张… ②宋… Ⅲ.①儒家—伦理学—研究
Ⅳ.①B82-092 ②B222.05

中国版本图书馆 CIP 数据核字（2020）第 016715 号

儒家德性思想研究
RUJIA DEXING SIXIANG YANJIU

著 者：张 刚 宋 丽	
责任编辑：邹丽红	
印 装：广东虎彩云印刷有限公司	
开 本：710 mm×1000 mm 1/16 **印张**：7.75 **字数**：165 千	
版 次：2020 年 11 月第 1 版 **印次**：2020 年 11 月第 1 次印刷	
书 号：ISBN 978-7-5667-1934-8	
定 价：50.00 元	

出 版 人：李文邦
出版发行：湖南大学出版社
社 址：湖南·长沙·岳麓山 **邮 编**：410082
电 话：0731-88822559（营销部），88822264（编辑室），88821006（出版部）
传 真：0731-88822264（总编室）
网 址：http://www.hnupress.com
电子邮箱：408703860@qq.com

目　次

第一章　导　论

儒家德性思想是在社会实践的基础上，经历了漫长曲折的历史发展道路，逐步积淀而形成的。这一波澜壮阔的历史过程，不仅使儒家德性思想凝结于中华民族的文化心理结构之中，也使其显露出永恒的生命力，成为创建新时期道德不可或缺的传统文化资源。

第一节　儒家"德性"概念辨析

"德性"概念早在先秦时期就已经出现在儒家经典之中，其含义经历了一个逐渐演化、丰富、成型的过程。据考证，"德"字在商代卜辞中作"循"讲，指遵从"上帝"旨意行事之义。但商人的"上帝"并不具有伦理色彩，故"德"只代表崇拜"上帝"的行为，而无善恶之性质。甚至在周初，"德"还保留着这种原始的含义，如，"尔尚不忌于凶德"[①]"无若殷王受之迷乱，酗于酒德哉"。[②] 这里的"凶德""酒德"都无道德含义，仅代表事物的性质。后因周人把作为至上神的"天"逐渐改造成理性、正义的化身，"德"才由原先的非道德概念转变成道德概念，代表着"至善"。另据李玄伯先生考证，"性"与"德"原本同义，"皆系天生的事物"，[③] 后逐渐分化，"性只表示生性，德就表示似性非性的事物"。[④] 也就是说，"德"与"性"原都指事物生而具有的品性和特点，如"牛之性"也可称"牛之德"；后"德"逐渐与人心紧密联系起来，专指人潜存的"至善"之性。《说文解字》解释"性"就是"德"："性，人之阳气性善者也；从心、生声。"[⑤] 这说明"德"与"性"在

---

① 《尚书·多方》，见《今古文尚书全译》，江灏、钱宗武译注，第370页，贵州人民出版社1990年版。

② 《尚书·无逸》，见《今古文尚书全译》，江灏、钱宗武译注，第343页，贵州人民出版社1990年版。

③ 李玄伯：《中国古代社会新研》，第184页，开明书店1949年版。

④ 李玄伯：《中国古代社会新研》，第184页，开明书店1949年版。

⑤ 桂馥：《说文解字义证》，第889页，齐鲁书社1987年版。

本质上是同一的，而只有内涵上的广狭之别，如钱穆先生说："中国人言性则必言德。亦可谓德即性之精微处，亦即性之高明处，而有待于人之学问以成。"① 同时，在儒家看来，作为"德"的那部分"性"，虽由天赋而成，但只是一种潜在的善性，如果人不加强后天的道德训练就可能丧失这种天性。因此，"德"在儒家文化中还有"升"的意思——"德，升也"，② 表征的是化潜在为现实的努力过程。那么，"德性"概念可从两个方面来理解：一是"德性"中的"德"与"性"同义，仅代表人先验而有的善质；二是"德"兼具"善"与"升"两种意思，"性"则指人生而具有的一切本性，合在一起的意思就是指人通过不断的道德努力挖掘出蕴藏在人性之中的"至善"本性。

在儒家经典中，"德性"作为一个独立完整的概念最早见于《中庸》："故君子尊德性而道问学，致广大而尽精微，极高明而道中庸。"③ 这里把"德性"与"道问学"之类的认知概念联系了起来。《中庸》又记载："诚者，非自成己而已也，所以成物也。成己，仁也；成物，知也。性之德也，合外内之道也，故时措之宜也。"④ 说明儒家"德性"概念内涵不只局限于自我修养的范围，也涉及对物性的理解与认识；并且，两者只有相互配合，才可能真正地获取"至善"本性。"唯天下至诚，为能尽其性；能尽其性，则能尽人之性；能尽人之性，则能尽物之性；能尽物之性，则可以赞天地之化育；可以赞天地之化育，则可以与天地参矣。"⑤ 其实，这句话反过来说也是可以的。它表明儒家"德性"概念也包含着特有的认知内涵，如宋明理学家提出的"德性之知"。

综上所述，儒家"德性"概念包含着三层意思：一指蕴藏在人性之中的"至善"之性；二指人从情欲向"至善"之性的超越；三指对宇宙万物真实本性的认识。

第二节　儒家德性思想的研究意义

从麦金太尔的观点来看，德性也是古代西方价值世界的核心观念，但自近代启蒙运动以后，这一观念则从传统价值世界的核心位置退居到生活的边缘，

① 钱穆：《晚学盲言》（下），第636页，广西师范大学出版社2004年版。
② 桂馥：《说文解字义证》，第162页，齐鲁书社1987年版。
③ 《中庸》，见《四书全译》，刘俊田等译注，第65页，贵州人民出版社1988年版。
④ 《中庸》，见《四书全译》，刘俊田等译注，第61页，贵州人民出版社1988年版。
⑤ 《中庸》，见《四书全译》，刘俊田等译注，第58-59页，贵州人民出版社1988年版。

结果导致社会生活中的道德判断纯主观化，个人的道德价值选择亦失去客观普遍的依据。造成这种局面，固然与西方近代社会结构的巨变有着必然的联系，但与西方德性观念自身的不完备也存在直接的关联。

亚里士多德认为，人的德性就是人特有的理性功能的完满实现。尽管他把理性分为"实践理性"与"思辨理性"两种，但二者都与灵魂中的情感欲望相对立。人符合德性的行动就表现为理性对欲望的控制，或者说情感欲望遵循理性原则的指导。这在情感与理性之间设置了不可跨越的鸿沟。而不同质的事物又如何始终保持一致呢？在这个问题上，亚里士多德的观点总是模棱两可。后来，英国哲学家休谟从这个问题出发，提出事实与价值两分的原则。道德上的善恶性质不是事物本身固有的性质，而是道德主体根据自己的感受赋予的。理性是辨析事物的真相、寻找到实现目的的最佳手段，却无法提供合理的道德判断，如从"这是一个人"的命题无法推导出"他是好人"的结论，因为道德目的来源于情感需要。依此来看，情感是价值判断的基础，理性至多是其辅助性的手段。这样，休谟就把亚氏的德性观念转变成个人的情感需要，并以此作为解释一切道德现象的出发点。但问题在于，失去理性观照的情感总是因人而异、因时而迁，它又如何给人以合理性的价值判断呢？这正是目前西方价值哲学无法超拔出来的困境。

与此相对，儒家的德性观念却一直保留了下来。这既与中国社会结构的平稳发展有关系，也与其特有的价值思维方式有着内在必然的联系。儒家也把德性视为人之特殊功能的完满实现。但是，这种特殊功能并不能等同于认知理性，而是人无私的社会情感，或称情感理性，因此人的德性就是化私欲为无私社会情感的过程。这说明儒家德性之学从心理基础而言是建立在情感之上的。但这种情感并不像西方哲学家所认为的那样，纯粹是私人的、主观的，它具有先验的普遍性。

儒家一直把情作为构建思想的立足点，如孔子的仁学就奠基在人对父母的孝敬之情上；郭店楚简《性自命出》篇"道始于情"一言就表达得更直接。并且，在儒家看来，性也是情，孟子所言的性之"四端"其实就是情感，只不过相对于自私的生理之情，这种情具有无私性和超越性。因此，儒家在性情关系上倾向于统一角度的理解。如朱熹说：

> 盖好善而恶恶，情也；而其所以好善而恶恶，性之节也。且如见恶而怒，见善而喜，这便是情之所发。至于喜其所当喜，而喜不过；

怒其所当怒，而怒不迁。以至哀乐爱恶欲皆能中节而无过，这便是性。①

这就是说，性情都本在人心之中，情是表达人对物爱恶的欲望要求，性则是体现在情中的节度。心学代表王阳明说：

喜怒哀惧爱恶欲，谓之七情。七者俱是人心合有的，但要认得良知明白……七情顺其自然之流行，皆是良知之用，不可分别善恶，但不可有所着；七情有着，俱谓之欲，俱为良知之蔽；然才有着时，良知亦自会觉，觉即蔽去，复其体矣！②

这就从形而上的高度把人的情感需要与良知结合了起来，打通了先验心体与经验内涵的间隔，从而使人不仅在超验的绝对中赢得尊严，也在欲望满足中获得感性的快感。

可见，儒家德性思想是一种情感理性的哲学，这对弥补西方德性思想的弊端，乃至融合中西方价值哲学都有着重大的理论意义。

第三节 儒家德性思想的研究现状

20 世纪晚期以来，德性思想得到了国内外学者的广泛关注和研究。在西方，通过以麦金太尔等为代表的社群主义伦理学家的努力，一股声势浩大的、以反对近现代建立的新旧规则伦理为目标的德性思潮出现了，这股思潮力图恢复古典的亚里士多德创建的德性传统，重构现代西方价值理论框架。在这种思潮的影响下，中国学者开始反思当代中国道德危机产生的根源。一般都认为，违背传统文化的思维习惯，盲目建构各种形式化的道德规则，是导致当代中国道德教化无效性的痼疾所在。因此，恢复传统、完善个人真实的品格成为如今伦理学家关注的焦点。儒家作为中国传统文化的代表，成为反思的首要对象。

（1）问题的探讨首先集中在儒家伦理的定性上。儒家文化包含丰富的价值思想，这基本是定论。但其究竟是关涉道德本身的文化，还是仅涉及道德领域的文化，就存有争论了。在以往，我们一般都认为儒家文化包含着关涉思维与存在关系的本体论、认识论，价值论只是它们在价值领域的具体运用。但现

---

① 朱熹：《张子之书二》，见《朱子语类》，黎靖德编，杨绳其、周娴君校点，第 2280 页，岳麓书社 1997 年版。

② 王阳明：《象山语录 阳明传习录》，杨国荣导读，第 283 页，上海古籍出版社 2000 年版。

在，更多的学者认为，儒家文化是从价值角度出发来构建形而上思维结构的，因此，价值论在儒家文化中优位于本体论、认识论。例如葛晨虹女士说："在先秦儒家仁学思想中，任何一个概念离开了德性，都不具有独立价值。"① 这说明德性论是儒家文化的根基。杜杰先生也认为，以儒家为代表的中国哲学"是一种德性形上学，其本体论理论形态表现为追问生存之第一原则的生存本体论，其所寻求的在于道德精神境界，亦即人的安身立命之本"②。按此逻辑延伸，儒家价值体系就不可能仅由一些规范体系构成，而是牵涉到获得幸福的生活方式，以及由此去澄清建立伦理规范的终极目的。陈来先生通过考察春秋时代的德行规范论，认为以孔子为代表的儒家道德思想"强调君子的整体人格"，体现的是对"好的、对的、完满的人生的追求和探究"③。蒙培元先生表述得更直接："道德哲学固然是儒学的核心，但它并不只是'纯粹实践理性'意义的道德哲学，而是与美学、知识学结合起来，建立一种以境界论为理论形态的整体论的德性之学。"④

（2）儒家德性论的基本内涵。德性思想中西皆有，那么儒家德性思想的特质就成为当前理论思考的一个焦点问题。黄玉顺先生说："所谓'天命之谓性'，这是从天的角度来说的；如果从人的角度来看，则是讲'得天'，是讲人性的来源，即'得天为性'。得天而成之性，就是所谓'德性'（'德'就是'得'的意思）。在哲学上，这属于宇宙论的问题；但儒家的宇宙论之区别于西方式的宇宙论，其目的却在于揭示人、人性的生成。"⑤ 这表明儒家德性思想奠基在天人合一的整体化世界观的前提下。沈顺福先生则认为，儒家德性思想建立在中庸哲学的基础上，而中庸思想的实质是选择原则。选择意味主体优先于原则。对原则的选择意味着价值观的确立，这是德性发生的基础。⑥ 袁玉立先生也认为儒家德性思想即中庸之道："在先秦儒家看来，'中'就是'性'……就是存在于人的'性之德'，或'德性'的'中庸'。"⑦ 与此相对，鲁芳女士认为"儒家以'诚'为至善的德性"⑧。刘长城先生则从哲学理论的高度概括了儒家德性思想的"价值理性""内在超越""整体主义"三大特征。⑨

---

① 葛晨虹：《德化的视野——儒家德性思想研究》，第 23 页，同心出版社 1998 年版。

② 杜杰：《中国哲学之德性形上学辨析》，《武汉理工大学学报（社会科学版）》2004 年第 6 期。

③ 陈来：《古代德行伦理与早期儒家伦理学的特点——兼论孔子与亚里士多德伦理学的异同》，《河北学刊》2002 年第 6 期。

④ 蒙培元：《情感与理性》，第 15 页，中国社会科学出版社 2002 年版。

⑤ 黄玉顺：《儒学的德性价值论》，《四川大学学报（哲学社会科学版）》2000 年第 4 期。

⑥ 沈顺福：《论儒家德性的形成》，《东岳论丛》2005 年第 4 期。

⑦ 袁玉立：《先秦儒家德性传统的核心价值》，《孔子研究》2005 年第 3 期。

⑧ 鲁芳：《论儒家"诚"与德性的关系》，《伦理学研究》2005 年第 5 期。

⑨ 刘长城：《儒学德性传统的文化特征》，《山东省青年管理干部学院学报》2005 年第 6 期。

蒙培元先生从情感理性的角度出发，认为"儒家承认人类有共同的情感，共同情感是人的德性具有普遍有效性的证明"，① 即把德性视为情感理性的实现。

（3）儒家德性修养论。修养论自古就是儒家思想的核心内容，涉及政治、知识、教育等多方面。李承贵先生从"天道""心性""社会"三大角度考察了儒家德性修养论的基本内容，认为主要包括"天道设教""性道设教""人道设教"三大部分："天道设教"指将诸般德性视为自然之天所赐或自然现象的人文化复制与转换；"性道设教"指将诸般德性视为内在心性的完善；"人道设教"指将诸般德性视为社会教化的产物。② 沈顺福则认为儒家德性修养论主要由"涵养与持敬""解弊与教化成人""德性天成"三方面内容组成。③ 这些观点基本都是对传统儒家修养论的概括和总结。而现在争论的焦点主要集中在儒家"德性之知"如何可能的方面。所谓"德性之知"即指德性的自我直觉，属于德性修养的终极目标。东方朔先生说："所谓德性之知（在儒家可有许多不同的、但意义相近的说法，如良知、乾知、独知或知体明觉等等）在儒家就是独知、自知，而此独知、自知说到底乃是非常个私性的体验（personal experience），而不是一种'交叠共识'（overlapping consensus）。"④ 根据现代西方语言哲学理论，一种自明性意识只有通过先验的语言规则才能确保其客观有效性，"如是，则德性之知（或良知之当下呈现）的自明性已经不再足于证明道德知识的普遍有效性的基础"。⑤ 相反，杜维明先生认为："作为德性之知的'体知'活动是人类认知的基本形态，这种活动可以通过群体的、批判的自我意识而转化为探索科学理论的认知……立基于德性之知而由体知转成的科学认知，是'范围天地，曲成万物'那种涵盖性极大的人文精神的体现。"⑥ 这不仅承认了儒家德性之知的现代价值，而且认为可以弥补西方知识论的缺陷。文洁华先生进一步从当代西方批评学派的反传统理性主义知识论立场出发，认为儒家德性之知强调人与自然、社会的联合关系，把知识主体作为社会性的存有，对克服西方超然独立的、抽象的理性主体具有重大的启发意义。⑦

---

① 蒙培元：《情感与理性》，第 22 页，中国社会科学出版社 2002 年版。

② 李承贵：《中国传统德性智慧的三个来源及其当代审视》，《福建论坛（人文社会科学版）》2005 年第 2 期。

③ 沈顺福：《论儒家德性的形成》，《东岳论丛》2005 年第 4 期。

④ 东方朔：《德性论与儒家伦理》，《天津社会科学》2004 年第 5 期。

⑤ 东方朔：《德性论与儒家伦理》，《天津社会科学》2004 年第 5 期。

⑥ 杜维明：《论儒家的"体知"——德性之知的涵义》，见《杜维明文集》（第五卷），第 352-353 页，武汉出版社 2002 年版。

⑦ 文洁华：《中国传统儒家知识论之当代意蕴》，《清华大学学报（哲学社会科学版）》2006 年第 1 期。

（4）儒家德性论与西方德性理论比较研究。从现代发展看，研究儒家德性思想不仅是为了阐发一种历史事实，而且是为了使阐发后的传统观念成为解决现代性问题的一支重要精神力量。因此，中西德性理论对话性的研究越来越受到关注。何元国先生通过对孔子和亚里士多德德性理论的比较研究，认为他们之间有着三种差异。一是亚氏的德性思想指人也指物，孔氏则专指人；就人的德性内涵来看，亚氏强调的是人的理性功能，孔氏却指的是人的"仁德"。二是亚氏把德性分为"理智的德性"与"伦理的德性"两种；孔氏却没有这种区分，在他那里，"智"只是"仁德"所包含的一部分内容，因此，孔氏对"智"的推崇远不及亚氏对理性的推崇。三是亚氏的德性内涵仅局限在个人品格的完善上，而把社会之善归属于政治学问题；孔氏的德性思想却包含内在修养和外在实践、个人之善与社会之善统一方面的内容。① 陈来先生也认为，"与亚里士多德伦理学相比较，中国古代的理智德性在德性系统中不占主要位置"，并且，儒家德性思想注重德性与德行、个人完善与社会职责的统一，这是因为"在伦理关系即政治关系的宗法社会，个人的善关联着人群的社群生活"。②

（5）儒家德性思想与现代社会。学以致用是每个理论研究者的终极价值追求，那么作为传统社会的思想产物——儒家德性思想能否继续有益于现代社会生活，就成为一个不得不考虑的问题。总体来说，有两种截然对立的观点：一是认为儒家德性思想不仅适合于传统社会，同样符合当代社会生活的要求，如蒙培元先生说："儒家伦理是一种德性伦理，但具有'共时性'特征及普遍理性精神。"③ 一是认为儒家德性思想就本质来言强调人的义务，忽视人的权利，这在个人权利意识已被激情撩动的今天，"注定了传统的德性理论在现代社会中必然遭受被遗落的历史命运"。④

可见，儒家德性思想已受到学界广泛的关注并有了不少的研究成果。但在其中，我们依然可以发现许多明显不足的地方：

首先，在方法上，只把儒家德性思想作为弥补现代社会道德规范失序的一种手段，而忽视其独特的善恶价值理念，以及与现代价值观念迥异的视角。

其次，在内容上，缺乏整体系统的研究，尤其对儒家德性思想的形成、演变、成熟的历程缺乏深入的研究。在许多学者看来，儒家德性思想前后就没有

---

① 何元国：《亚里士多德的"德性"与孔子的"德"之比较》，《中国哲学史》2005 年第 3 期。

② 陈来：《古代德行伦理与早期儒家伦理学的特点——兼论孔子与亚里士多德伦理学的异同》，《河北学刊》2002 年第 6 期。

③ 蒙培元：《儒家的德性伦理与现代社会》，《齐鲁学刊》2001 年第 4 期。

④ 东方朔：《德性论与儒家伦理》，《天津社会科学》2004 年第 5 期。

发生什么变化似的。

再次，在现代价值方面，过多突出儒家德性思想的理论意义，而忽视对其实践价值以及效用价值方面的思考；过多从学理上演绎推理出儒家德性的实现条件，而忽视与中国特殊的社会背景以及人的全面发展关系方面的研究。

因此，应从这几个方面加强对儒家德性思想的研究：一是加强对儒家德性思想的形成与发展逻辑的研究；二是把儒家德性思想与现代价值哲学理论相结合，以求从价值哲学高度来把握儒家善恶观念；三是凸显现代转型社会的特殊的价值要求，不仅把儒家德性思想作为理论来研究，更视其为实现中国人价值观念现代化的现实基础。

第二章　儒家德性思想的形成与发展

促进人品格的完善与成熟是儒家德性思想的根本目的。而究竟怎样才能完善人的德性品格，在儒家不同时期有着不同的思考，因此，唯有通过历史的延展，我们才会拥有比较完整的理解。

第一节　儒家德性思想体系的创建

一、儒家德性思想产生的背景

在西周伦理形态中，"敬"的观念具有非常特殊的价值地位。如徐复观先生说："周人建立了一个由'敬'所贯注的'敬德''明德'的观念世界，来照察、指导自己的行为，对自己的行为负责，这正是中国人文精神最早的出现；而此种人文精神，是以'敬'为其动力的，这便使其成为道德的性格，与西方之所谓人文主义，有其最大不同的内容。"① 从历史看，"敬"观念的形成与周人宗教观的改变有着直接的联系。周人不像殷人那样盲目地崇拜神灵，而是把至上神"天"视为正义与秩序的象征，能否得到上天的眷顾，关键在于人自身是否能够按照天命来办事。因此，周人很早就产生了一种"忧患意识"，如周公曾对召公说：

> 天降丧于殷，殷既坠厥命，我有周既受。我不敢知曰：厥基永孚于休。若天棐忱，我亦不敢知曰：其终出于不祥。②

这种"忧患意识"使周人逐渐产生了"敬"的观念，它表示人应该谨慎自己的行为、对自己行为后果负责，从而透露出觉醒的主体意识，其对周人道德观念的确立具有重要的作用。后随时代的发展，周人倡导的"敬"观念逐渐与"孝"观念相结合，以"孝"为"敬"之主体。据今人考证，周人的孝道观念

---

① 徐复观：《中国人性论史　先秦篇》，第21页，上海三联书店2001年版。

② 《尚书·君奭》，见《今古文尚书全译》，江灏、钱宗武译注，第347页，贵州人民出版社1990年版。

不同于后期儒家所提倡的孝道观，其核心内容在于追孝祖先和孝于宗室，而不是自己的亲生父母。① 这是因为在周代宗法分封社会中，组成社会的最基本单位是宗族，而不是个体小家庭，因此，周人的孝道伦理旨在为政治和宗法血缘关系服务。换言之，周人道德实质是一种"宗族道德"，而不是个人道德。这种道德往往从宗族利益角度去审视道德的意义与价值，所以它具有很强的功利性和等级性。

春秋时代是中国传统宗法血缘社会结构解体、个体及其小家庭开始确立的时期。社会生活基础的改变，必然引起西周伦理的解构和转型。而要超越以宗族为根本特质的西周伦理，春秋时期的道德学者首先需要根据一定理论寻找到平等的、能够为刚刚从宗族关系下解放出来的新生个体所遵守的各种道德规范，以整合当时人们混乱的道德观念。因此，他们改造了西周时期作为行为规范总和的礼，使礼成为当时一切道德的依归，如晏子说："君令臣共，父慈子孝，兄爱弟敬，夫和妻柔，姑慈妇听，礼也。"② 所以，内史兴说："成礼义，德之则也。"③ 意为行礼如仪，就懂得了道德的规则。但春秋时期的"规则伦理"建设，由于种种原因并没有取得整合当时混乱道德观念的作用，反而进一步加深了人们的道德困惑。因为，每种道德理论都有其独特的、不同于其他道德理论的道德规范或评价观念，这就使得人们可以根据自己的喜好而随意选择道德理论，结果导致社会共同道德信念的散失。如关于"忠"的解释有"公家之利，知无不为"；④ "临患不忘国"。⑤ 此外还有"远图者，忠也"；⑥ "上思利民，忠也"；⑦ "无私，忠也"；⑧ 等等。在春秋时期，一个人的道德行为往往会导致截然不同的道德评价。对此，我们可以从下面这个事例来加以说明："公如晋，自郊劳至于赠贿，无失礼。晋侯谓女叔齐曰：'鲁侯不亦善于礼乎？'对曰：'鲁侯焉知礼？'公曰：'何为？自郊劳至于赠贿，礼无违者，何故不知？'对曰：'是仪也，不可谓礼。礼所以守其国，行其政令，无失其民者也。今政令在家，不能取也。'"⑨ 按照晋侯的理解，鲁侯"自郊劳至于赠贿"都"无失礼"，应该是遵守礼的道德模范，但女叔齐却认为，鲁侯失其

---

① 巴新生：《西周伦理形态研究》，第 45—50 页，天津古籍出版社 1997 年版。
② 《左传·昭公二十六年》，见《左传译注》，李梦生撰，第 1165 页，上海古籍出版社 1998 年版。
③ 《国语·周语上》，见《国语直解》，来可泓撰，第 610 页，复旦大学出版社 2000 年版。
④ 《左传·僖公九年》，见《左传译注》，李梦生撰，第 217 页，上海古籍出版社 1998 年版。
⑤ 《左传·昭公元年》，见《左传译注》，李梦生撰，第 910 页，上海古籍出版社 1998 年版。
⑥ 《左传·襄公二十八年》，见《左传译注》，李梦生撰，第 854 页，上海古籍出版社 1998 年版。
⑦ 《左传·桓公六年》，见《左传译注》，李梦生撰，第 67 页，上海古籍出版社 1998 年版。
⑧ 《左传·成公九年》，见《左传译注》，李梦生撰，第 561 页，上海古籍出版社 1998 年版。
⑨ 《左传·昭公五年》，见《左传译注》，李梦生撰，第 968—969 页，上海古籍出版社 1998 年版。

政令、失其人民，结果导致"政令在家"而不能取，所以鲁侯不是一位遵守礼的道德模范。之所以造成这种冲突的结局，是因为晋侯与女叔齐两人对什么是礼的理解存有差异，同时彼此又没有可以相互融通的共同道德信念。所以，春秋时期伦理观念建设虽取得了很大的成就，制定出了许多对后世产生重大影响的道德规范和原则，但它始终未能寻找到一种可以一以贯之各种道德规范的最根本的道德信念，以及如何把这种道德信念转化成整个社会普遍接受的价值信念所需要的基本方法。

二、孔子：儒家德性思想的开创者

（一）孔子的仁道学说

与春秋时期的道德规范论相比，孔子道德哲学的立场开始转向人的本质问题。在他看来，人与动物的区别在于，人是超越自然状态的社会群体性存在："鸟兽不可与同群，吾非斯人之徒与而谁与?"[1] 他的学生子路也表达了同样的意思："不仕无义。长幼之节不可废也，君臣之义如之何其废之? 欲洁其身而乱大伦! 君子之仕也，行其义也，道之不行，已知之矣。"[2] 这就把"长幼""君臣"等宗法人伦关系视为人之为人的本质。因此，孔子把实现人与人关系的和谐作为人道的重要内容："弟子入则孝，出则弟，谨而信，泛爱众，而亲仁。"[3] 在此，孝悌自然之情，构成人普遍交往的起点，并由此逐步发展到群体之爱；而孔子的仁爱思想其实就是对这种关爱内涵的哲学概括，"仁者人也，亲亲为大"。[4] 所以，仁道原则可以称为孔子对人社会本性的概括和总结。

相对各种具体的道德规范，孔子认为仁道原则具有本原性价值。这可以从仁与礼、仁与智、仁与善恶几个方面看出。

第一，仁与礼的关系。孔子其实也非常重视礼对人际关系的调节作用，甚至以礼来定义仁。如他的弟子颜回问仁，孔子说："克己复礼为仁。"[5] 但从总体上看，孔子认为仁比礼更根本："人而不仁，如礼何?"[6] 这就把仁提升至礼之上，视为更为根本的人生目的。因此，孔子曾高度赞许仁而失礼的管仲："微管仲，吾其披发左衽矣。"[7]

第二，仁与智的关系。孔子同样非常重视人的知识积累，如自称"十有

---

① 《论语·微子》，见《论语导读》，鲍鹏山编著，第325页，复旦大学出版社2012年版。
② 《论语·微子》，见《论语导读》，鲍鹏山编著，第327页，复旦大学出版社2012年版。
③ 《论语·学而》，见《论语导读》，鲍鹏山编著，第5页，复旦大学出版社2012年版。
④ 《中庸》，见《四书全译》，刘俊田等译注，第52页，贵州人民出版社1988年版。
⑤ 《论语·颜渊》，见《论语导读》，鲍鹏山编著，第189页，复旦大学出版社2012年版。
⑥ 《论语·八佾》，见《论语导读》，鲍鹏山编著，第32页，复旦大学出版社2012年版。
⑦ 《论语·宪问》，见《论语导读》，鲍鹏山编著，第241页，复旦大学出版社2012年版。

五而志于学"，又教导人"学不可以已"。并且，认为智对仁具有积极的促进作用："好仁不好学，其蔽也愚。"[1] 但他又说："知及之，仁不能守之，虽得之，必失之。"[2] 这就明确把智定位为实现仁道原则的手段，只有服务于仁才具有价值。

第三，仁与善恶的关系。在殷周时期，善恶观念都与具体事物或规范相结合，专指对人生有用、有益或无用、无益的东西，没有统一的标准。但在孔子那里，善恶与仁开始建立关系。他说："苟志于仁矣，无恶也。"[3] 意即与仁相符的便是善，相悖的就是恶。并且，又说："唯仁者能好人，能恶人。"[4] 这就说明善恶是在仁者于各种具体境遇相照下产生的，因此，善恶是相对的，而仁却是绝对的。正是在这种理念的指导下，孔子学生子夏提出"大德不逾闲，小德出入可也"[5] 的主张，即认为，只要坚持了仁道（"大德"），具体情境中的善恶（"小德"）问题可以加以权变。

可见，仁在孔子思想中已不仅是一种"爱人"的行为规范，而是支撑一切价值规范的终极目的。

（二）仁学修养论

在孔子看来，所谓成德就是实现仁道："君子去仁，恶乎成名？君子无终食之间违仁，造次必于是，颠沛必于是。"[6] 而究竟怎样才能实现这种理想人格呢？这就与人性问题联系在一起，对人性的不同理解，往往导致了对成仁之道的不同认识。但孔子关于人性的直接论述非常少，他的学生子贡也说："夫子之言性与天道，不可得而闻也。"[7] 不过，通过一些间接的言语，我们还是能够依稀见到孔子的人性思想。他曾说："性相近也，习相远也。"[8] 这就基本承认人具有一致的本性，后天的差异则是由习行所致。在《论语》中还有这样的几句话：

> 子曰："天生德于予，桓魋其如予何？"[9]
> 子曰："不怨天，不尤人，下学而上达。知我者其天乎！"[10]

① 《论语·阳货》，见《论语导读》，鲍鹏山编著，第 307 页，复旦大学出版社 2012 年版。
② 《论语·卫灵公》，见《论语导读》，鲍鹏山编著，第 281 页，复旦大学出版社 2012 年版。
③ 《论语·里仁》，见《论语导读》，鲍鹏山编著，第 51 页，复旦大学出版社 2012 年版。
④ 《论语·里仁》，见《论语导读》，鲍鹏山编著，第 50 页，复旦大学出版社 2012 年版。
⑤ 《论语·子张》，见《论语导读》，鲍鹏山编著，第 337 页，复旦大学出版社 2012 年版。
⑥ 《论语·里仁》，见《论语导读》，鲍鹏山编著，第 52 页，复旦大学出版社 2012 年版。
⑦ 《论语·公冶长》，见《论语导读》，鲍鹏山编著，第 71 页，复旦大学出版社 2012 年版。
⑧ 《论语·阳货》，见《论语导读》，鲍鹏山编著，第 303 页，复旦大学出版社 2012 年版。
⑨ 《论语·述而》，见《论语导读》，鲍鹏山编著，第 116 页，复旦大学出版社 2012 年版。
⑩ 《论语·宪问》，见《论语导读》，鲍鹏山编著，第 254 页，复旦大学出版社 2012 年版。

　　子曰："天何言哉？四时行焉，百物生焉。天何言哉？"①
　　子曰："不知命，无以为君子也；不知礼……"②

它们反映了在孔子意识当中天与人有着内在必然的联系。并且，孔子又说："志于道，据于德，依于仁，游于艺。"③ 在其中，道、德、仁展现了先后的秩序，并且，"德"是沟通道与仁的中介。如果再结合"天生德于予"这句话，我们应该可以断定孔子是承认人具有先天仁爱本性的。因此，他认为"不知命，无以为君子也"，意思是，如果否定了人普遍的仁爱本性，一个人既不可能相信自己也不会帮助他人成为君子。同时，所谓的"不怨天，不尤人"实质表现的还是对成仁内在人性根据的确信，所以孔子说："仁远乎哉？我欲仁，斯仁至矣。"④

　　正是在这种人性论的引导下，孔子特别强调人的后天努力："人能弘道，非道弘人。"⑤ 具体来言，可分为内在心灵修养与外在践修两方面。

　　第一，心灵修养。虽然以人伦关系组成的社会被孔子视为人之为人的本质，但人在经验生活中首先觉察的一般都是单独的个体。这就在个体意愿与社会本性之间形成了张力。孔子一方面努力地融合两者，另一方面又积极地引导个体走出狭隘的自我世界。前者表现在他对义利与仁孝关系的看法上。孔子说："富而可求也，虽执鞭之士，吾亦为之。如不可求，从吾所好。"⑥ 这表明他虽然强调"君子谋道不谋食"的超拔的人格精神，但也不全然反对人对利益的追求，而只是认为"放于利而行，多怨"，⑦ 即破坏了良好的人际关系，因此，人应该"见利思义"，就是要把义与利统一起来。表现在心性问题上，孔子希望把情感与人的仁爱本性结合起来。他的弟子有若说："孝弟也者，其为仁之本与？"⑧ 孝悌无非就是人的血缘亲情，但却是具有普遍精神的仁爱之道的基础。换言之，仁与情本身是统一的。甚至在特殊情况下，孝大于仁。譬如，有个人曾经对孔子说，他家乡有一位正直的人，父亲偷了别人的羊，他能公然揭发父亲的偷窃行为。孔子却说："吾党之直者异于是：父为子隐，子为父隐，直在其中矣。"⑨ 这充分说明孔子对人类情感需要的重视，对后世儒学

①《论语·阳货》，见《论语导读》，鲍鹏山编著，第315页，复旦大学出版社2012年版。
②《论语·尧曰》，见《论语导读》，鲍鹏山编著，第351页，复旦大学出版社2012年版。
③《论语·述而》，见《论语导读》，鲍鹏山编著，第105页，复旦大学出版社2012年版。
④《论语·述而》，见《论语导读》，鲍鹏山编著，第120页，复旦大学出版社2012年版。
⑤《论语·卫灵公》，见《论语导读》，鲍鹏山编著，第279页，复旦大学出版社2012年版。
⑥《论语·述而》，见《论语导读》，鲍鹏山编著，第109页，复旦大学出版社2012年版。
⑦《论语·里仁》，见《论语导读》，鲍鹏山编著，第56页，复旦大学出版社2012年版。
⑧《论语·学而》，见《论语导读》，鲍鹏山编著，第2页，复旦大学出版社2012年版。
⑨《论语·子路》，见《论语导读》，鲍鹏山编著，第217页，复旦大学出版社2012年版。

的发展产生了极大的影响。另外，孔子强调人必须走出以自我为中心的心理，承认人的认识都存有可能的盲点，只有这样，才能与别人沟通，实现自身的社会本性。因此，他提出了"绝四"说，即"毋意，毋必，毋固，毋我"。① 这就要求人在处理人际关系时，注意不臆想、不武断、不固执、不自以为是。为此，人必须培养自我反省的习惯。他的学生曾子曾说："吾日三省吾身。为人谋而不忠乎？ 与朋友交而不信乎？ 传不习乎？"② 孔子又说："躬自厚而薄责于人，则远怨矣。"③ 相应的，在牵涉他人的问题上，孔子反对吹毛求疵，主张"和而不同"的包容胸怀："三人行，必有我师焉。择其善者而从之，其不善者而改之。"④

第二，外在践修。价值问题最终都要归诸实践，没有外在的实践，内在的道德意识就无法验证对错。因此，孔子非常强调人在社会关系的实践中去体验仁道之精神："力行近乎仁。"⑤ 具体来说，孔子的外在践修思想基本上按照"修身""齐家""治国""平天下"的路径展开。"身"之概念在儒家文化中具有非常特别的内涵，被视作解读内心世界的可见的社会文本。君子据此修仁，小人却据此掩恶。因此，作为"身"的直接表现"貌、言、视、听"，受到孔子特别的关注。他要求人"非礼勿视，非礼勿听，非礼勿言，非礼勿动"。⑥ 其学生曾子也说："君子所贵乎道者三：动容貌，斯远暴慢矣；正颜色，斯近信矣；出辞气，斯远鄙倍矣。"⑦ 容貌、颜色、辞气是主体在社会交往中的外部表现，而在孔子看来，这些表现如能展示恰当也是人格高尚的表现，所以君子必须学会自我约束。"齐家"是指人在具体的人伦关系中保持和谐的努力，这在古代是一般人最主要的道德实践内涵，因此是践修仁爱原则的根底，如孔子把孝当作仁的本质。在与弟子谈到个人志向问题时，孔子说："老者安之，朋友信之，少者怀之。"⑧ 就是说，为人应使长辈安心，朋友信任，晚辈感恩。为此，孔子还制定出一系列约束人行为的规范，如规范长幼关系的"宽""惠""恭""敏"，朋友关系的"信"；并且，认为能行此五者于天下就可称为仁。"治国""平天下"的践修往往更多表现在儒家圣王合一的理想。在孔子看来，人对仁道原则的实践努力不能仅仅表现在自我和周围的人

---

① 《论语·子罕》，见《论语导读》，鲍鹏山编著，第142页，复旦大学出版社2012年版。
② 《论语·学而》，见《论语导读》，鲍鹏山编著，第4页，复旦大学出版社2012年版。
③ 《论语·卫灵公》，见《论语导读》，鲍鹏山编著，第272页，复旦大学出版社2012年版。
④ 《论语·述而》，见《论语导读》，鲍鹏山编著，第115页，复旦大学出版社2012年版。
⑤ 《中庸》，见《四书全译》，刘俊田等译注，第52页，贵州人民出版社1988年版。
⑥ 《论语·颜渊》，见《论语导读》，鲍鹏山编著，第189页，复旦大学出版社2012年版。
⑦ 《论语·泰伯》，见《论语导读》，鲍鹏山编著，第128页，复旦大学出版社2012年版。
⑧ 《论语·公冶长》，见《论语导读》，鲍鹏山编著，第80页，复旦大学出版社2012年版。

伦关系范围，必须超越所有人。他的学生子贡曾问如有人能博施济民是否可称为仁的问题，孔子说："何事于仁，必也圣乎！尧舜其犹病诸！"① 可见，博施济民是仁道践修的最高目标，也是常人无法达到的，所以孔子从不敢以仁与圣自称："若圣与仁，则吾岂敢?"② 最后，不妨用其这样的一句话来概括他的外在践修原则："夫仁者，己欲立而立人，己欲达而达人。能近取譬，可谓仁之方也已。"③

三、思孟学派与儒家德性思想的形成

孔子去世后，他的学生就分散到各地继续宣扬儒家学说，但由于性格、秉承的学术观点的不同，儒家思想开始分化成不同的学术派别。《韩非子·显学篇》说："自孔子之死也，有子张之儒，有子思之儒，有颜氏之儒，有孟氏之儒，有漆雕氏之儒，有仲良（或作梁）氏之儒，有孙氏之儒，有乐正氏之儒。"④ 这就是通常所指的"儒分为八"的观点。而在这些学派中，由子思创建后被孟子完善的思孟学派最能代表儒学的发展趋向，并有相关著作传世，如《大学》《中庸》《孟子》，以及郭店楚简上的儒家文献等等。因此，可以把这一学派的思想视为先秦儒学发展的第二阶段而加以研究。

（一）心性理论的延展

孔子创立的仁道德性论，就已开始把外在的行为规范体系一为内在的仁德，但对心何以具有这种仁德功能却没有具体分析。在思孟学派中，我们可以明显看到这一问题被逐渐深化的线索。

虽然孔子已经觉察到人与天命的内在联系，并以此确立了仁道原则的先验根据，但论述有限。而在思孟学派中，这个问题被反复阐释。郭店楚简中的《性自命出》篇就说："性自命出，命自天降。"⑤ 这就明确肯定了人性出自天命的事实。《中庸》将其总结为："天命之谓性，率性之谓道，修道之谓教。"⑥ 孟子则说："尽其心者，知其性也。知其性，则知天矣。"⑦ 而作出这种承诺，无非旨在确定人心中包含先验必然的规律，它支撑起属人的一切关系，并使人道与天德结合了起来。孟子就是从此提出性善思想的：

> 恻隐之心，仁之端也；羞恶之心，义之端也；辞让之心，礼之端

---

① 《论语·雍也》，见《论语导读》，鲍鹏山编著，第 100 页，复旦大学出版社 2012 年版。
② 《论语·述而》，见《论语导读》，鲍鹏山编著，第 123 页，复旦大学出版社 2012 年版。
③ 《论语·雍也》，见《论语导读》，鲍鹏山编著，第 100 页，复旦大学出版社 2012 年版。
④ 《韩非子·显学》。
⑤ 《性自命出》，见《郭店楚简校读记》，李零著，第 105 页，北京大学出版社 2002 年版。
⑥ 《中庸》，见《四书全译》，刘俊田等译注，第 31 页，贵州人民出版社 1988 年版。
⑦ 《孟子·尽心上》，见《孟子新注新译》，杨逢彬著，第 356 页，北京大学出版社 2017 年版。

也；是非之心，智之端也。人之有是四端也，犹其有四体也。①

即认为人有"四端"，犹其有"四体"，它是先验存在、不证自明的，只要人有"四体"，就有这四种"善端"。而人把这四种"善端"扩而充之，就是仁、义、礼、智"四德"。"四德"是人的道德本性，这种道德本性根源于人心，"仁义礼智根于心"②"仁义礼智，非由外铄我也，我固有之也"③。因此，在孟子那里，人心被提升到至高无上的地位，它与人的善性相通为一，都是人类先天固有的。既然人性本善，为何在经验生活中可处处看到恶呢？这就迫使思孟学派由人性转向人心问题的分析，即解释先验人性在具体生活中的表现。"心"这一概念在中国文化中内涵比较丰富，可泛指一切精神活动，包含知、情、意等多方面内容。郭店楚简《性自命出》篇云：

> 凡人虽有性，心无定志，待物而后作，待悦而后行，待习而后定。喜怒哀悲之气，性也。及其见于外，则物取之也。性自命出，命自天降。道始于情，情生于性。始者近情，终者近义。知情者能出之，知义者能入之。④

可见，思孟学派认为人心包含性、情、志、知等多种功能。其中，性与情最为重要，因为性由天命所出，而情则是人道的始基。但从"喜怒哀悲之气，性也"这句话看，性其实也是情。那么，性与情的本质究竟有什么差别与联系？我们不妨借助《礼记》中"人生而静，天之性也；感于物而动，性之欲也"⑤这样一句话来理解"情生于性"的意思。它表明性本是自本自根、先验存在于所有人心中，因此是"静"和永恒的；而情（欲）则是性在与外物交感时产生的，所以是具体和暂时的。但作为人之情始终不同于其他动物的情欲，因为从根本上就由具有普遍意义的性所产生和制约。换言之，人的情感属于可评价、可理解的社会化的范围，离开这种境遇，情感也就变成非人的情感。例如在表达出一种义愤之情时，我们必须能给予合理的解释，否则，就被视为精神有障碍。因此，《中庸》又说：

> 喜怒哀乐之未发，谓之中；发而皆中节，谓之和。中也者，天下

---

① 《孟子·公孙丑上》，见《孟子新注新译》，杨逢彬著，第99页，北京大学出版社2017年版。

② 《孟子·尽心上》，见《孟子译注》，田京译注，第177页，吉林出版集团有限责任公司2009年版。

③ 《孟子·告子上》，见《孟子新注新译》，杨逢彬著，第308页，北京大学出版社2017年版。

④ 《性自命出》，见《郭店楚简校读记》，李零著，第105页，北京大学出版社2002年版。

⑤ 《礼记·乐记》，见《礼记译注》，杨天宇撰，第308页，上海古籍出版社2004年版。

之大本也；和也者，天下之达道也。①

朱熹注解道：

> 喜、怒、哀、乐，情也；其未发，则性也。无所偏倚，故谓之
> 中。发皆中节，情之正也，无所乖戾，故谓之和。大本者，天命之
> 性，天下之理皆由此出，道之体也。②

这就把情之性作为人类一切情感欲望的根基，与之符合的就称为人道；反之，则为物欲。孟子与告子在相互辨析人性本质问题上，也反复强调这一点。孟子说："然则犬之性，犹牛之性；牛之性，犹人之性欤？"③ 他认为，人的情感需要始终受到天命之性的制约，故而，不是所有的需要人都会去满足，而只有与性相符的才值得追求："生亦我所欲，所欲有甚于生者，故不为苟得也；死亦我所恶，所恶有甚于死者，故患有所不辟也。"④

"意"也是心的一种功能，有时又称"志"，代表人心内在情感释放的方向和目标，是沟通内在情感与外在行为的必然中介。合理的意志必然产生善的行为；反之，则助长恶行。因此，意志必然是谈论心性的另一重要问题。郭店楚简《性自命出》篇说："凡心有志也，无与不［可。人之不可］独行，犹口之不可独言也。牛生而长，雁生而伸，其性［使然，人］而学或使之也。"又说："四海之内，其性一也。其用心各异，教使然也。"⑤ 这表明意志虽然由心而发，但不是由心直接决定的，也会受到外在的影响，因此可善可恶，必须通过后天教化才能保证人产生善良意志。更进一步说，意志是人性在经验生活中的展现，会受后天不善习性的感染，所以尽管人性本善，也不能保证一定产生善的意志。因此，"正心诚意"自然成为儒家心性理论思考的重点。《大学》把这条道路概括为："大学之道，在明明德，在亲民，在止于至善。"⑥ 即认为，"正心诚意"的根本在于"明明德"，确立"至善"的价值目标。在回答弟子提出的"何谓尚志"的问题时，孟子也说："仁义而已矣。杀一无罪非仁也，非其有而取之非义也。居恶在？仁是也。路恶在？义是也。居仁由义，大人之事备矣。"⑦ 可见，所谓"尚志"就是开挖内心本有的"善端"，使其充

---

① 《中庸》，见《图解四书五经》，崇贤书院释译，第12页，黄山书社2016年版。
② 朱熹：《中庸章句》，见《儒学精华》（上），张立文主编，第77页，北京出版社1996年版。
③ 《孟子·告子上》，见《孟子译注》，田原译注，第144页，吉林出版集团有限责任公司2009年版。
④ 《孟子·告子上》，见《孟子新注新译》，杨逢彬著，第316页，北京大学出版社2017年版。
⑤ 《性自命出》，见《郭店楚简校读记》，李零著，第105页，北京大学出版社2002年版。
⑥ 《大学》，见《四书全译》，刘俊田等译注，第5页，贵州人民出版社1988年版。
⑦ 《孟子·尽心上》，见《孟子新注新译》，杨逢彬著，第380页，北京大学出版社2017年版。

实强大起来，能在各种欲望要求中占据主导地位。以此来看，儒家的意志概念专指人的道德意志，是表达道德情感并实践道德要求的欲望。它与其他欲望的根本区别在于，能够把"至善"作为目标，或者说能作出知善知恶的道德判断。因此，道德意志也代表着一种认知。《大学》云："欲诚其意者，先致其知。"① 这就把"知"与"意"联系了起来。当然，这种"知"不是通常意义的科学之知，而是知善知恶的道德理性。孟子就说："仁之实，事亲是也；义之实，从兄是也；智之实，知斯二者弗去是也。"② 事亲、从兄都不涉及客观的事理，而皆指人的道德行为，孟子却以两者作为"知"的主要内容，这就反映了儒家之"知"主要是指服从道德意志的"德性之知"。而对科学之知，孟子保持批判的态度："所恶于智者，为其凿也。"③ 即认为，科学之知会使人心穿凿附会，扭曲事物本来的状态，直至改变人的本性。因此，他又说：

> 耳目之官不思，而蔽于物。物交物，则引之而已矣。心之官则思，思则得之，不思则不得也。此天之所与我者。先立乎其大者，则其小者弗能夺也。此为大人而已矣。④

"耳目之官"就是平常接受感性经验并形成科学之知的器官，但孟子认为它不具有自我反思的能力，会被外在物欲牵引；"心之官"则具有自我反思的能力，可以得天道赋予人的本性，成就"大人"之道。两相比较，人应该首先追求这种道德之知，并使其不受"见闻之知"的干扰。有时，孟子又称心的自我反思能力为"良知"：

> 人之所不学而能者，其良能也；所不虑而知者，其良知也。孩提之童无不知爱其亲者，及其长也，无不知敬其兄也。亲亲，仁也；敬长，义也；无他，达之天下也。⑤

这就充分肯定了人心具有道德意识，人的本质就是先验的道德主体。而在经验生活中，人之所以未能展现出道德主体意识，只因为受到了后天物欲的蒙蔽。因此，孟子主张"寡欲"的修养方法：

> 养心莫善于寡欲。其为人也寡欲，虽有不存焉者，寡矣；其为人

---

① 《大学》，见《四书全译》，刘俊田等译注，第5页，贵州人民出版社1988年版。

② 《孟子·离娄上》，见《孟子新注新译》，杨逢彬著，第229页，北京大学出版社2017年版。

③ 《孟子·离娄下》，见《孟子新注新译》，杨逢彬著，第243页，北京大学出版社2017年版。

④ 《孟子·告子上》，见《孟子译注》，田京译注，第154页，吉林出版集团有限责任公司2009年版。

⑤ 《孟子·尽心上》，见《孟子新注新译》，杨逢彬著，第363页，北京大学出版社2017年版。

也多欲，虽有存焉者，寡矣。①

而"寡欲"的目的不是彻底消解人的外在追求，只是为了让先验的道德主体意识真实无妄地流露出来："万物皆备于我矣。反身而诚，乐莫大焉。强恕而行，求仁莫近焉。"② 这表明人的先验道德主体意识具有自明自觉性，只需革除物欲就可自然流露。当然，革除物欲不仅仅是消极地防御，也包括积极地择善固执，乃至"博学之，审问之，慎思之，明辨之，笃行之"。③ 但不管怎样，这些都不是科学之知的积累，而是"德性之知"的外在启示和呼唤。

（二）中庸：儒家德性思想的主体原则

孔子虽已提到中庸的问题，但仅有"中庸之为德也，其至矣乎!"④ 这句话，没有过多解释。而在思孟学派中，中庸已成为其理论体系的基础性观念。从字面意思看，中指"不偏不倚，无过无不及"，庸则指"平常也";⑤ 合而言之，中庸就是指最恰当的常道。如果利用亚里士多德的解释就是"要在应该的时间、应该的情况，对应该的对象，为应该的目的，按应该的方式"⑥ 行为。而究竟什么是"应该"和恰到好处呢？这就涉及"应该"的标准问题。可以作为标准的存在物，主要有两条原则：其一，客观的维度。它通常可抽象为某个或某些原则，如功利原则和康德的义务原则，乃至儒家的礼仪规范等。其二，主体性原则。这个标准仅适用主体，或者说，就是主体自身，是主体按照自身意志选择善恶行为的原则。在这里，任何规范都只有有限的价值意义，无限的意义则属于人的意志自由。当然，这种自由不是随心所欲，而是人的灵魂合乎本性的活动。在现实生活中，这两条原则往往交织互缠。"男女授受不亲，礼也。嫂溺，援之以手者，权也。"⑦ 按照礼的规定，男女之间不能直接接触，但在特殊情况下（如嫂不慎落水），则可以不受礼的以上限制，而作适当的变通，这就是"权"。"礼"指常态下的规范，"权"在本质上体现了主体性原则，是主体意志的自由应用。但从整体上看，孟子更看重主体性原则："执中无权，犹执一也。所恶执一者，为其贼道也，举一而废百也。"⑧ 权的本意指衡量事物的轻重，作为一种道德原则，则指灵活变通的意思。与权相对的

① 《孟子·尽心下》，见《孟子新注新译》，杨逢彬著，第 414 页，北京大学出版社 2017 年版。

② 《孟子·尽心上》，见《孟子新注新译》，杨逢彬著，第 358 页，北京大学出版社 2017 年版。

③ 《中庸》，见《四书全译》，刘俊田等译注，第 53 页，贵州人民出版社 1988 年版。

④ 《论语·雍也》，见《论语导读》，鲍鹏山编著，第 99 页，复旦大学出版社 2012 年版。

⑤ 朱熹：《中庸章句》，见《儒学精华》（上），张立文主编，第 77 页，北京出版社 1996 年版。

⑥ 亚里士多德：《尼各马科伦理学》，苗力田译，第 234 页，中国社会科学出版社 1990 年版。

⑦ 《孟子·离娄上》，见《孟子译注》，田京译注，第 99 页，吉林出版集团有限责任公司 2009 年版。

⑧ 《孟子·尽心上》，见《孟子新注新译》，杨逢彬著，第 357 页，北京大学出版社 2017 年版。

"执一",即指拘守某种原则而不知变通。"执一"必然导致规范的僵化,使人屈服于规范,从而失去主体选择的自由。孟子以权否定"执一",就是充分肯定了超越规范的人的自在自为的价值。或者说,任何规范的价值都必须以服从主体需要为前提,而主体需要在不同情境下又必须按照不同的规范来满足。因此,以规范为代表的善恶总是随着情境的改变而改变,唯有主体价值才是永恒的,也是超绝善恶的。郭店楚简《五行》篇云:"善,人道也。德,天道也。"① 丁四新先生解释道:"善之所以为人道,与作为涵存崇高特性的天道之德不同,它是以着重规定人伦为主的、维系伦常为目的的东西。这种善不是超越的,而是切入实际的、与人生密切相勾连的。"② 这就是说善只是天道之德在经验生活中的具体应用,因此与德相比具有次生性、相对性。而德表现在人的心性上,也就是先验的道德主体,从中可看出,在德行实践中唯有道德主体原则才是最终的依据。《中庸》一书其实就以天命—人性—中庸—诚的逻辑贯串下来,并云:"率性之谓道。"③ 这里的道也指人道,可见人自己的天性或德性是衡量一切价值的尺度。

> 禹、稷当平世,三过其门而不入,孔子贤之。颜子当乱世,居于陋巷,一箪食,一瓢饮;人不堪其忧,颜子不改其乐,孔子贤之。孟子曰:"禹、稷、颜回同道。禹思天下有溺者,由己溺之也,稷思天下有饥者,由己饥之也;是以如是其急也。禹、稷、颜子易地则皆然。"④

禹、稷积极入世,颜回则专于修己,不问世事,虽然他们的行为迥然有异,但孔子皆贤之。这应该如何理解呢?其实这依然是一个价值判断的问题。禹、稷充分利用当时的条件积极入世,以拯救天下苍生为己任;颜子虽有济世之志,但苦于没有付诸行动之条件,故只能专务修己之德。然而,他们皆有先验的道德主体意识,这是他们共有的特性,所以孟子认为:"禹、稷、颜回同道。"而所谓外在行为的差异只不过是先验道德主体根据不同境遇所作的选择,就根本来看,同出于道体,因此孔子皆贤之。这就充分反映了中庸所包含的主体性原则,它强调人从先验本性出发,根据具体情况作出最有价值意义的道德选择,而反对不问情境地执守某种道德规范。

---

① 《五行》,见《郭店楚简校读记》,李零著,第78页,北京大学出版社2002年版。
② 丁四新:《郭店楚墓竹简思想研究》,第134—135页,东方出版社2000年版。
③ 《中庸》,见《四书全译》,刘俊田等译注,第31页,贵州人民出版社1988年版。
④ 《孟子·离娄下》,见《孟子译注》,田京译注,第113页,吉林出版集团有限责任公司2009年版。

（三）修齐治平：儒家德性思想的修养路径

那么，人如何才能实现自身的德性价值？《大学》提出了儒家关于如何实现人生价值的"三纲八目"。"三纲"是："大学之道，在明明德，在亲民，在止于至善。""八目"是："古之欲明明德于天下者，先治其国。欲治其国者，先齐其家。欲齐其家者，先修其身。欲修其身者，先正其心。欲正其心者，先诚其意。欲诚其意者，先致其知。致知在格物。物格而后知至，知至而后意诚，意诚而后心正，心正而后身修，身修而后家齐，家齐而后国治，国治而后天下平。"① 从内容上看，"三纲八目"主要指"修己安人"的问题。而为什么一定要把"安人"作为"修己"的必要内容呢？这里面首先牵涉到对人本质的认识。孟子说：

> 人之有道也，饱食、暖衣、逸居而无教，则近于禽兽。圣人有忧之，使契为司徒，教以人伦：父子有亲，君臣有义，夫妇有别，长幼有序，朋友有信。②

这段话包含以下两层意思：第一，"人之所以异于禽兽者"，在于人有人伦，具体来说，就是有君臣、父子、夫妇、长幼、朋友的关系；第二，人伦虽人皆有之，但并不代表每个人都能自觉明察人伦："行之而不著焉，习矣而不察焉，终身由之而不知其道者，众也。"③ 所以需要圣人的教化使之明察人伦。这就是要让人伦关系由外在的自在形式转化成内在的自由自觉形式，即形成上文所言的仁义之德。因此，人的自我修养离不开他人，唯有通过与他人构建的人伦关系才能产生德性意识。郭店楚简《成之闻之》篇则把天德与人伦统一起来：

> 天登大常，以理人伦，制为君臣之义，著为父子之亲，分为夫妇之辨。是故小人乱天常以逆大道，君子治人伦以顺天德。④

这就视人伦关系为天德的社会表现，如果结合"天命之谓性"的意思来理解，所谓人性其实就是人的社会性。因此，儒家的修身理论不同于道家或佛家，它总是围绕人我的社会关系来展开："故君子所复之不多，所求之不远，窃反诸己而可以知人。是故欲人之爱己也，则必先爱人；欲人之敬己也，则必先敬

---

① 《大学》，见《四书全译》，刘俊田等译注，第3页，贵州人民出版社1988年版。
② 《孟子·滕文公上》，见《孟子译注》，田京译注，第68页，吉林出版集团有限责任公司2009年版。
③ 《孟子·尽心上》，见《孟子新注新译》，杨逢彬著，第358页，北京大学出版社2017年版。
④ 《成之闻之》，见《郭店楚简校读记》，李零著，第122页，北京大学出版社2002年版。

人。"① 这种"忠恕"之道充分表现了儒家德性修养不纯粹是个人完善的问题，社会完善才是个人完善的前提和实质价值，从而反映了儒家德性思想的社会实践品格。

四、德性与礼

人的本质就是社会性，这一观点是儒家一以贯之的认识。孔子与思孟学派都已从不同角度阐释其内涵；但在儒家思想史上，真正详细地给予论证并视该观点为整个思想体系基石的思想家，唯有荀子。与孔孟不同的是，荀子一开始就主张"性恶"论。他说：

> 今人之性，生而有好利焉，顺是，故争夺生而辞让亡焉；生而有疾恶焉，顺是，故残贼生而忠信亡焉；生而有耳目之欲，有好声色焉，顺是，故淫乱生而礼义文理亡焉。然则从人之性，顺人之情，必出于争夺，合于犯分乱理，而归于暴。②

可见，荀子所说的人性与孟子迥然不同：他讲的人性是"生而有"的本能欲望，而孟子讲的人性是人之所以为人，人和动物区别的"四端"，两者的内涵和基本取向是完全不同的。正因为如此，孟子更相信人的自由自觉的道德反省能力，甚至主张用"不忍人"的道德之心来约束行政行为。荀子则鉴于"人情甚不美"③ 的经验事实，力主用外在的礼法制度约束人的行为。他说：

> 礼起于何也？曰：人生而有欲；欲而不得，则不能无求；求而无度量分界，则不能不争；争则乱，乱则穷。先王恶其乱也，故制礼义以分之，以养人之欲、给人之求，使欲必不穷乎物，物必不屈于欲，两者相持而长，是礼之所起也。④

既然人皆有追求欲望满足的冲动，那么如果没有礼法的约束，就一定会社会动乱，物穷于欲。而离开了社会，人就无法在自然界生存："力不若牛，走不若马，而牛马为用，何也？曰：人能群，彼不能群也。"⑤ 这就强调结成社会群体是人获取欲望满足的必然方式，因此尽管人性恶，但也不能排除人与人之间的相互依赖关系。这就从一个侧面把社会性作为人的第二本质：

> 水火有气而无生，草木有生而无知，禽兽有知而无义；人有气、

---

① 《成之闻之》，见《郭店楚简校读记》，李零著，第122页，北京大学出版社2002年版。
② 《荀子·性恶》，见《荀子译注》，张觉撰，第497页，上海古籍出版社1995年版。
③ 《荀子·性恶》，见《荀子译注》，张觉撰，第513页，上海古籍出版社1995年版。
④ 《荀子·礼论》，见《荀子译注》，张觉撰，第393页，上海古籍出版社1995年版。
⑤ 《荀子·王制》，见《荀子译注》，张觉撰，第162页，上海古籍出版社1995年版。

有生、有知，亦且有义，故最为天下贵也。①

与"生而有"的本能欲望相比，它需要人后天的"化性起伪"的努力：

> 性者，本始材朴也；伪者，文理隆盛也。无性，则伪之无所加；无伪，则性不能自美。性、伪合，然后成圣人之名，一天下之功于是就也。②

"性"就是指人的自然本能，"伪"则指人后天的礼仪制度对自然本能的改造利用。在荀子看来，"性"与"伪"是相统一的，无"性"则"伪"失去改造对象，无"伪"则"性"的欲望不可能得到满足。因此，荀子理解的德性即用礼仪制度改造原始本能欲望的过程，或者说，礼仪规范的内化。它表明德性的形成总包含着对既定社会规范的认同和理解："先王之道，仁之隆也，比中而行之。曷谓中？曰：礼义是也。"③ 他认为，成德就是按照礼仪而行的过程。在这里，规范似乎优位于德性。但荀子也强调德性的独特价值："故有良法而乱者，有之矣；有君子而乱者，自古及今，未尝闻也。"④ 君子即德性的人格范型，离开德性，礼仪规范也不能真正地发挥作用。因为，规范只能给人提供判断善恶的尺度，使人知善恶，但不能保证人为善去恶。唯有把规范与个体的道德意识结合，化规范为德性，才能保证人自觉地实践礼仪规范。为此，荀子不仅注重认知意义的学习，也非常强调德性的自我修养。他说：

> 君子养心莫善于诚，致诚，则无它事矣，唯仁之为守，唯义之为行。诚心守仁则形，形则神，神则能化矣；诚心行义则理，理则明，明则能变矣。变化代兴，谓之天德。⑤

这其实强调的就是德性对礼仪规范的实践补充，唯有"诚"才能真正"化性起伪"，谓之能变。更难能可贵的是，荀子还看到了德性对规范局限性的弥补：

> 故法而不议，则法之所不至者必废。职而不通，则职之所不及者必队（坠）。故法而议，职而通，无隐谋，无遗善，而百事无过，非君子莫能。⑥

就是说，在无法可依的情况下，就必须通过讨论和变通的方法来解决，才能保

① 《荀子·王制》，见《荀子译注》，张觉撰，第162页，上海古籍出版社1995年版。
② 《荀子·礼论》，见《荀子译注》，张觉撰，第415页，上海古籍出版社1995年版。
③ 《荀子·儒效》，见《荀子译注》，张觉撰，第115页，上海古籍出版社1995年版。
④ 《荀子·致士》，见《荀子译注》，张觉撰，第289页，上海古籍出版社1995年版。
⑤ 《荀子·不苟》，见《荀子译注》，张觉撰，第38页，上海古籍出版社1995年版。
⑥ 《荀子·王制》，见《荀子译注》，张觉撰，第145页，上海古籍出版社1995年版。

证"百事无过"。但要做到通过讨论而正确变通的话，则"非君子莫能"。为什么"非君子莫能"呢？因为君子掌握了"道法之总要也"，① 能够保证变通时的价值取向不发生偏差。可见，德性依然是君子成仁的灵魂。

总之，在德性与礼的关系上，荀子首先强调礼仪规范的神圣性，"礼者，人道之极也"，② 德性即礼仪规范的内化。其次，他认为德性是礼仪规范得以实践和弥补其局限性的人格保证。在某种意义上，他确实看到了德性与规范的辩证统一关系。

五、《易传》与儒家德性形而上学的确立

在孔孟那里，人性与天道相通的理论已确立起来，但始终未能对这一结论作出本体论意义的证明。《易传》则从广阔的宇宙生成图景，系统地回答了这个问题。

《易传》首先为人们描述了一幅宇宙万物生成图式：

> 是故《易》有太极，是生两仪，两仪生四象，四象生八卦。八卦定吉凶，吉凶生大业。③

又说：

> 有天地，然后有万物。有万物，然后有男女。有男女，然后有夫妇。有夫妇，然后有父子。有父子，然后有君臣。有君臣，然后有上下。有上下，然后礼义有所错。④

就是说，太极产生了天地两仪，天地又产生了万事万物，其中包括人类社会的君臣父子关系。这就在天地之道与人类社会道德行为之间构建了一种因果关系，把人的社会属性也视为宇宙变化发展过程的必然结果。《易传》又说："是以立天之道，曰阴与阳。立地之道，曰柔与刚。立人之道，曰仁与义。兼三才而两之，故《易》六画而成卦。"⑤ 这就把人道的仁义与天道的阴阳对应了起来，视仁义为天道阴阳在人类社会的具体展现，由此自然得出"一阴一阳之谓道。继之者善也，成之者性也"⑥ 的结论。因此，阴阳之道成为人道的形上依据。而在《易传》看来，阴阳分别代表着两种相互对立的力量，是它

---

① 《荀子·致士》，见《荀子译注》，张觉撰，第289页，上海古籍出版社1995年版。
② 《荀子·礼论》，见《荀子译注》，张觉撰，第404页，上海古籍出版社1995年版。
③ 《周易·系辞传上》，见《图解四书五经》，崇贤书院释译，第302页，黄山书社2016年版。
④ 《周易·序卦》，见《图解四书五经》，崇贤书院释译，第320页，黄山书社2016年版。
⑤ 《周易·说卦》，见《图解四书五经》，崇贤书院释译，第315页，黄山书社2016年版。
⑥ 《周易·系辞传上》，见《图解四书五经》，崇贤书院释译，第296页，黄山书社2016年版。

们鼓动宇宙万物向日新月异的方向前进，因此，宇宙的本质特征被理解为"生"——"天地之大德曰生"。① 那么，由阴阳而来的仁义原则就不能理解成不变的教条，也应是处于不断变化当中。并且，《易传》认为一切善恶吉凶都源于这种变化：

> 刚柔相推，变在其中矣。系辞焉而命之，动在其中矣。吉凶悔吝者，生乎动者也。刚柔者，立本者也。变通者，趣时者也。②

就是说，由"刚柔相推"导致了宇宙万物的生成变化，由变化导致了人选择的必要，由选择产生了善恶吉凶，因此，由"刚柔相推"而来的变化是人道价值的根本，顺应变化趋时而作是最恰当的选择。而选择的最终依据则是人本身："化而裁之存乎变，推而行之存乎通，神而明之存乎其人。"③ 可见，人在善恶吉凶的选择中占据着绝对主导的地位。为此，《易传》非常强调人主体德性的修养："成性存存，道义之门。"④ 总体来说，可分为"诚"与"积"两种方式。《易传》云："闲邪存其诚，善世而不伐，德博而化。"⑤ 即通过保持内心真实无妄的状态，来达到与道合一的境界，"《易》，无思也，无为也，寂然不动，感而遂通天下之故"。⑥ "积"就是积善行德的意思，与孟子"集义"思想基本相同：

> 积善之家必有余庆；积不善之家必有余殃。臣弑其君，子弑其父，非一朝一夕之故，其所由来者渐矣。⑦

意思是说，善恶有一个积累的过程，因此人要注意"积善"方有余庆。而"积善"的目的其实也是为了达到与道合一的境界："和顺于道德而理于义，穷理尽性以至于命。"⑧ 并且，在《易传》看来，这两种方法必须同时使用，唯有如此，才符合一阴一阳之道的原理："君子敬以直内，义以方外，敬义立而德不孤。"⑨ 这样，无论是人性还是个人修养，《易传》都把是否遵循阴阳之道作为标准。当然，阴阳之道虽然代表着永恒变易的精神，但不意味着《易传》否定了任何客观标准，因为，在阴阳之上还有"太极"。在《易传》中，

---

① 《周易·系辞传下》，见《图解四书五经》，崇贤书院释译，第305页，黄山书社2016年版。
② 《周易·系辞传下》，见《图解四书五经》，崇贤书院释译，第305页，黄山书社2016年版。
③ 《周易·系辞传上》，见《图解四书五经》，崇贤书院释译，第304页，黄山书社2016年版。
④ 《周易·系辞传上》，见《图解四书五经》，崇贤书院释译，第297页，黄山书社2016年版。
⑤ 《周易·乾卦》，见《图解四书五经》，崇贤书院释译，第158页，黄山书社2016年版。
⑥ 《周易·系辞传上》，见《图解四书五经》，崇贤书院释译，第301页，黄山书社2016年版。
⑦ 《周易·坤卦》，见《图解四书五经》，崇贤书院释译，第164页，黄山书社2016年版。
⑧ 《周易·说卦》，见《图解四书五经》，崇贤书院释译，第315页，黄山书社2016年版。
⑨ 《周易·坤卦》，见《图解四书五经》，崇贤书院释译，第164页，黄山书社2016年版。

"太极"也被称为"太和",代表着绝对和谐的精神:"乾道变化,各正性命。保合太和,乃利贞。"① 这就把普遍和谐作为判断行为好坏("利贞")的绝对标准。就人道而言,行为举措的好坏取决于能否相互感通:"天地感而万物化生,圣人感人心而天下和平。"② "天下和平"代表着儒家最高的和谐理想,而它建立在圣人与万民内心同感同然的基础上,这与后来戴震提出的"以情絜情"道义观相近。

第二节　汉儒德性思想与大一统社会格局

自汉朝实行"独尊儒术"的文化策略后,儒学一下从诸子之学跃升至官方意识形态,成为所有人思想观念的唯一价值准则。这使得汉朝儒学的发展不仅是儒家知识分子个体智慧的开显,更是涉及整个社会文化、制度、政治平稳进化的重大事务。因此,这个时期的儒学家都积极从广泛的社会治平角度来阐释自己的思想,从而与注重个体自由意识的先秦儒学形成强烈的反差。德性作为儒家文化的核心价值问题自不能脱离这种背景。无论是董仲舒的"性由教成"、扬雄的"修性成德",还是王符的"德由智成",都突出强调外在的社会规范及环境对人德性修养的重要意义。

一、"性由教成"

与先秦儒学相同,董仲舒也视社会人伦关系为人的本质:

> 人受命于天,固超然异于群生,入有父子兄弟之亲,出有君臣上下之谊,会聚相遇,则有耆老长幼之施,粲然有文以相接,欢然有恩以相爱,此人之所以贵也。③

但他没有像孔孟那样,直接把这种道德属性当作人的先验本性,而只承认人的社会本性由后天的积习教化而成:"积习渐靡,物之微者也,其入人不知,习忘乃为常然若性,不可不察也。"④ 这与荀子"化性起伪"的认识基本相同,但董仲舒却不主张"人性恶"。他把人性分为三种,即"斗筲之性""中民之性""圣人之性",并说:"圣人之性,不可以名性;斗筲之性,又不可以名

---

① 《周易·乾卦》,见《图解四书五经》,崇贤书院释译,第157页,黄山书社2016年版。
② 《周易·咸卦》,见《图解四书五经》,崇贤书院释译,第223页,黄山书社2016年版。
③ 《汉书·董仲舒传》。
④ 《春秋繁露·天道施》,见《春秋繁露新注》,曾振宇、傅永聚注,第358-359页,商务印书馆2010年版。

性。名性者，中民之性。"① "圣人之性"因为是先验为善的，太高不可及了，所以不能代表人性。"斗筲之性"是经过教育也不能转化为善的，太低了，所以又不能代表人性。真正可以代表人性的是"中民之性"，因为前两者太少了，而"中民之性"反映了大多数人的特征。"中民之性"有赖于圣人、王者的教化才能成为善：

> 性者，天质之朴也；善者，王教之化也。无其质，则王教不能
> 化；无其王教，则质朴不能善。②

这基本否定了大部分人自修成德的可能。因此，董仲舒理解的德性即外在礼仪规范的内化，或者说，个体自我的普遍化。他说："《春秋》之所治，人与我也。所以治人与我者，仁与义也。以仁安人，以义正我。"③ 一般而论，人与"我"的区分往往意味着自我意识的萌发，但在这里，人我之分并不表现自我的觉醒，而指对群体价值的认同；与"我"相对的人，代表的不是个体意义上的他人，而是整体概念。那么，"以仁安人，以义正我"的内涵就是指自我对整体的归从。在描述仁的境界时，董仲舒说：

> 仁者憯怛爱人，谨翕不争，好恶敦伦，无伤恶之心，无隐忌之
> 志，无嫉妒之气，无感愁之欲，无险诐之事，无辟违之行，故其心
> 舒，其志平，其气和，其欲节，其事易，其行道，故能平易和理而无
> 争也。如此者，谓之仁。④

这与先秦儒家所描述的活泼的仁爱境界有明显的差异，它要求人无任何个人情感欲望，唯礼是从。因此，在自我修养问题上，董仲舒一直强调"自攻其恶"，⑤ 即将个体欲望消解掉，不要让它影响礼法对人行为的约束。这也导致他"执经疑权"思想的产生。从表面上看，董仲舒虽主张经权并举："《春秋》有经礼，有变礼……明乎经变之事，然后知轻重之分，可与适权矣。"⑥ 但他

---

① 《春秋繁露·实性》，见《春秋繁露新注》，曾振宇、傅永聚注，第218页，商务印书馆2010年版。

② 《春秋繁露·实性》，见《春秋繁露新注》，曾振宇、傅永聚注，第219页，商务印书馆2010年版。

③ 《春秋繁露·仁义法》，见《春秋繁露新注》，曾振宇、傅永聚注，第176页，商务印书馆2010年版。

④ 《春秋繁露·必仁且智》，见《春秋繁露新注》，曾振宇、傅永聚注，第184页，商务印书馆2010年版。

⑤ 《春秋繁露·仁义法》，见《春秋繁露新注》，曾振宇、傅永聚注，第180页，商务印书馆2010年版。

⑥ 《春秋繁露·玉英》，见《春秋繁露新注》，曾振宇、傅永聚注，第50-51页，商务印书馆2010年版。

对权始终保持怀疑的态度。他说："权谲也，尚归之以奉钜经耳。"① 并说："《春秋》之义，贵信而贱诈，诈人而胜之，虽有功，君子弗为也。"② 谲即诡诈的意思。那么，作为诡诈的权自然不应是君子所重。即便在不得以的情况下使用权，董仲舒都表达出忧虑的心态："为如安性平心者，经礼也。至有于性，虽不安于心，虽不平于道，无以易之，此变礼也。"③ "不安于心"是因为偏离了经，"无以易之"则表明非如此则无法应变，这种矛盾心态固然确认了权变的必要，但同时更多地表达了对经的崇拜，以及对权的怀疑。因此，董仲舒的德性思想显示出权威性的特征，突出强调人对外在社会秩序的服从。这一方面导致德性思想与个体意识的对立，但另一方面却把德性与整体的社会生活联系起来。在先秦时代，社会动乱，人的地位和角色变化频繁，因此，先秦儒学家虽都强调人的社会本性，但都奠基于个体自我的修养上，旨在通过发挥君子的人格力量来济世救民。时至汉代，社会稳定，大一统的格局基本形成，人的地位和角色也固定起来，如果继续以自我修养的方法来培植统一的社会价值观念，既无可靠性也无普遍性，因此，董仲舒强调性由教成，即通过社会机构强制推行符合生活要求的统一的社会价值观念，无疑也具有必要性。这表明德性虽展现出强烈的个体自觉意识，但始终不能偏离社会整体价值观念的规范和引导，否则必落入荒诞迂阔的境地。

二、"修性成德"

在天道观上，扬雄反对董仲舒的神学目的论，认为万物都由"玄"（又称"元气"）而出，"玄者，幽攡万类而不见于形者也"。④ 但他不反对天人有着内在必然联系的认识，"仰以观乎象，俯以视乎情。察性知命，原始见终。三仪同科，厚薄相劘"。⑤ "三仪"即天、地、人；"科"为法则的意思。这说明人与天同性同理，因此，扬雄虽未提出"性善论"，但也没有像董仲舒一样把性视为无善无恶的自然之质，而认为"性有善恶"。他说："人之性也善恶混。

---

① 《春秋繁露·玉英》，见《春秋繁露新注》，曾振宇、傅永聚注，第54页，商务印书馆2010年版。

② 《春秋繁露·对胶西王越大夫不得为仁》，见《春秋繁露新注》，曾振宇、傅永聚注，第192页，商务印书馆2010年版。

③ 《春秋繁露·玉英》，见《春秋繁露新注》，曾振宇、傅永聚注，第50页，商务印书馆2010年版。

④ 《太玄·玄攡》，见《新编诸子集成·太玄集注》，刘韶军点校，第184页，中华书局1998年版。

⑤ 《太玄·玄攡》，见《新编诸子集成·太玄集注》，刘韶军点校，第185页，中华书局1998年版。

修其善则为善人，修其恶则为恶人。气也者，所以适善恶之马也与？"① 就是说，人性有善有恶，善恶相杂；培植其善端则为善人，反之为恶人。扬雄还指出，人性中往往是善不足而恶有余的："人之所好而不足者，善也；人之所丑而有余者，恶也。君子日强其所不足而拂其所有余，则玄之道几矣。"② 人只有不断加强修养，使善性增长，恶性被抑制，从而成为一个纯善的君子。而人为什么要修善弃恶，以成君子呢？这里就涉及扬雄对人的价值本性的理解。他说：

> 鸟兽触其情者也。众人则异乎？贤人则异众人矣！圣人则异贤人
> 矣！礼义之作有以矣夫！人而不学，虽无忧，如禽何！③

他认为，鸟兽是完全受情欲冲动支配的，而人则受礼仪规范的约束和教化，否则与禽兽无别。因此，他又说："由于情欲，入自禽门；由于礼义，入自人门；由于独智，入自圣门。"④ 这就把社会性的礼仪规范当作人兽之别的标准。但是，扬雄也没有把礼欲对立化，而只是强调人应以礼仪方式获得个人情欲的满足："由其德，舜、禹受天下不为泰；不由其德，五两之纶，半通之铜，亦泰矣。"⑤ 如果符合礼仪道德规范，即便接受天下人的供养，也不为过；如果不符合礼仪规范，即便接受再少的东西，也显得过分。因此，扬雄非常强调人对礼仪规范的学习和践履："君子以礼动，以义止，合则进，否则退，确乎不忧其不合也。"⑥ 甚至把礼仪规范当作培养人道德意识的根基："礼，体也。人而无礼，焉以为德？"⑦ 但他并没有把礼仪规范纲常化，而只是认为一定时代的道德规范是塑造人品德的基础，规范本身却没有永恒的价值："夫道非天然，应时而造者，损益可知也。"⑧ 这里的"道"即日常的道德规范。它表明规范只是人"应时而造"的产物，因此只能"可则因，否则革"，⑨ 不能"执一"而终。在扬雄的思想中，与礼相较，道、德、仁、义都具有更高的价值。他说："夫道以导之，德以得之，仁以人之，义以宜之，礼以体之，天也。"⑩

① 《法言·修身》，见《法言全译》，韩敬译注，第100页，巴蜀书社1999年版。
② 《太玄·玄攡》，见《新编诸子集成·太玄集注》，刘韶军点校，第186页，中华书局1998年版。
③ 《法言·学行》，见《法言全译》，韩敬译注，第90—91页，巴蜀书社1999年版。
④ 《法言·修身》，见《法言全译》，韩敬译注，第105页，巴蜀书社1999年版。
⑤ 《法言·孝至》，见《法言全译》，韩敬译注，第170页，巴蜀书社1999年版。
⑥ 《法言·问明》，见《法言全译》，韩敬译注，第121页，巴蜀书社1999年版。
⑦ 《法言·问道》，见《法言全译》，韩敬译注，第106页，巴蜀书社1999年版。
⑧ 《法言·问神》，见《法言全译》，韩敬译注，第112页，巴蜀书社1999年版。
⑨ 《法言·问道》，见《法言全译》，韩敬译注，第108页，巴蜀书社1999年版。
⑩ 《法言·问道》，见《法言全译》，韩敬译注，第106页，巴蜀书社1999年版。

在这里，礼只是体察道、德、仁、义的手段，故而扬雄要求人必须遵循并超越简单的礼仪规范，达到对道德终极目的的理解：

> 子游、子夏得其书矣，未得其所以书也；宰我、子贡得其言矣，未得其所以言也；颜渊、闵子骞得其行矣，未得其所以行也。圣人之书、言、行，天也。天其少变乎？①

所谓"天"即指人与天合一的自然自在的境界，代表着人对道德本性的认知状态，"圣人存神索至，成天下之大顺，致天下之大利，和同天人之际，使之无间也"。② 因此，扬雄非常看重道德选择中的主体性原则，强调根据具体境遇来选择恰当方法解决人际问题："子未睹禹之行水与？一东一北，行之无碍也？君子之行，独无碍乎？如何直往也？水避碍则通于海，君子避碍则通于理。"③ 就是说，君子行事不能直来直去，必须随机应变避开障碍才能符合道理。可以看出，扬雄虽重视社会规范在塑造人品行方面的普遍价值，但在终极意义上却认为德性具有本根性。

三、"德由智成"

与前人不同的是，王符对人性善恶问题所谈甚少，甚至自相矛盾。有时，他似乎也主张"性三品论"："上智与下愚之民少，而中庸之民多。"④ 有时，又似乎主张"性善论"："诗云：'民之秉夷，好是懿德。'故民有心也，犹为种之有园也。遭和气则秀茂而成实，遇水旱则枯槁而生孽。"⑤ 但王符非常注重外在社会环境对人品格的影响："民蒙善化，则人有士君子之心；被恶政，则人有怀奸乱之虑。"⑥ 他认为，人的好坏会随政治环境的好坏而发生相应的变化。因此，王符德性思想旨在探讨一个良好的政治环境如何形成的问题。他说："圣王之建百官也，皆以承天治地，牧养万民者也。是故有号者必称于典，名理者必效于实，则官无废职，位无非人。"⑦ 古代圣王建官设职是为了

---

① 《法言·君子》，见《法言全译》，韩敬译注，第165页，巴蜀书社1999年版。
② 《法言·问神》，见《法言全译》，韩敬译注，第112页，巴蜀书社1999年版。
③ 《法言·君子》，见《法言全译》，韩敬译注，第165页，巴蜀书社1999年版。
④ 王符：《潜夫论·德化》，见《潜夫论笺校正》，汪继培笺，彭铎校正，第378页，中华书局1985年版。
⑤ 王符：《潜夫论·德化》，见《潜夫论笺校正》，汪继培笺，彭铎校正，第377页，中华书局1985年版。
⑥ 王符：《潜夫论·德化》，见《潜夫论笺校正》，汪继培笺，彭铎校正，第377页，中华书局1985年版。
⑦ 王符：《潜夫论·考绩》，见《潜夫论笺校正》，汪继培笺，彭铎校正，第65页，中华书局1985年版。

敬天牧民，而不是为了奢养自己，因此，要求官尽其责，位得其人。这实际就是传统儒家一贯主张的"以德配位"的思想，即要求按照品德高低来分配政治职位。例如君主之职，王符认为"故天之立君，非私此人也，以役民，盖以诛暴除害利黎元也。是以人谋鬼谋，能者处之"。[①] 但对德的理解，王符不同于先秦儒家，而主张"德义之所成者智也"[②] 的观点。虽然先秦儒家也重视智，但都放置在仁爱原则之下，视智为实现仁爱原则的手段；王符却把智提升至一切德义根本之高度。这在于他不仅把德看作一个自我修养的问题，更当作履行社会职责的能力："夫君子也者，其贤宜君国而德宜子民也。"[③] 因此，修德必求实效，唯有加功于民才能算真正的有德，而这需要高明的智慧才能达到，"智者讲功而处事"。[④] 例如王符称君德为"明"，认为"要在于明操法术，自握权秉而已矣"，[⑤] 最终达到"功业效于民"[⑥] 的目的；臣德为"忠"，即尽忠职守维护礼制，"故臣下敬其言而奉其禁，竭其心而称其职"。[⑦] 王符把德性理解成完成社会职责的品性。唯有君臣具备这样的德性，社会政治环境才能逐渐优良起来，众人的品性才能得以塑造。

> 天道曰施，地道曰化，人道曰为。为者，盖所谓感通阴阳而致珍异也。人行之动天地，譬犹车上御驰马，蓬中擢舟船矣。虽为所覆载，然亦在我何所之可……盖理其政以和天气，以臻其功。[⑧]

就是说，人虽天覆地载而处其间，但天地功能只有在人的配合下才能发挥出应有的效用；只有政治清平，天地之气才能和畅，万物才能繁茂孳生。在这种情况下，人的品性自然美好：

---

① 王符：《潜夫论·班禄》，见《潜夫论笺校正》，汪继培笺，彭铎校正，第 162 页，中华书局 1985 年版。

② 王符：《潜夫论·赞学》，见《潜夫论笺校正》，汪继培笺，彭铎校正，第 1 页，中华书局 1985 年版。

③ 王符：《潜夫论·释难》，见《潜夫论笺校正》，汪继培笺，彭铎校正，第 329 页，中华书局 1985 年版。

④ 王符：《潜夫论·边议》，见《潜夫论笺校正》，汪继培笺，彭铎校正，第 271 页，中华书局 1985 年版。

⑤ 王符：《潜夫论·明忠》，见《潜夫论笺校正》，汪继培笺，彭铎校正，第 357 页，中华书局 1985 年版。

⑥ 王符：《潜夫论·明忠》，见《潜夫论笺校正》，汪继培笺，彭铎校正，第 365 页，中华书局 1985 年版。

⑦ 王符：《潜夫论·明忠》，见《潜夫论笺校正》，汪继培笺，彭铎校正，第 363 页，中华书局 1985 年版。

⑧ 王符：《潜夫论·本训》，见《潜夫论笺校正》，汪继培笺，彭铎校正，第 366 页，中华书局 1985 年版。

　　及其生也，和以养性，美在其中，而畅于四支，实于血脉，是以
　　心性志意，耳目精欲，无不贞廉絜怀履行者。此五帝三王所以能画法
　　像而民不违，正己德而世自化也。①

依此来看，王符一方面把德性视为君子实现政治清平的必要品性，一方面又把
政治清平当作德性修养的外在保障。在某种意义上，他确实看到了德性与社会
的辩证关系。

第三节　儒道合流视域下的德性思想

　　自纲常名教化后，儒家伦理原有的德性品格也逐渐蜕变成谋取个人功利的
外在矫饰。谋道讲德不再是为了成就个人卓越完善的品质，而成了迎合外在赞
誉、猎取功名的工具。东汉思想家王符就曾深刻地批判了这种现象："凡今之
人，言方行圆，口正心邪，行与言谬，心与口违。论古则知称夷、齐、原、
颜，言今则必官爵职位；虚谈则知以德义为贤，贡荐则必阀阅为前。"② 可见，
名教化的儒家伦理在现实生活中展露出极度虚伪的品质，从而失去规约人行为
的道德能力。正是在这种情况下，魏晋玄学家围绕自然与名教关系展开详细的
探讨，目的在于解决名教化后的儒家伦理与自然心性（德性）如何融合的
问题。

一、"名教出于自然"

　　在王弼看来，汉朝推行的名教礼法制度越来越烦琐，直至蜕变成纯粹形式
化的东西。人们推崇德义，往往只是为了博取虚名来掩饰自己争权夺利的自私
之心。这样，名教礼法不仅未能净化人的行为，反而激化了人的巧饰虚伪之
心。这就是王弼所说的"崇仁义；愈致斯伪""巧愈思精，伪愈多变，攻之弥
甚，避之弥勤"。③ 因此，王弼重新估价了传统儒学提出的"仁义""忠孝"
之类的道德规范，"凡不能无为而为之者，皆下德也，仁义礼节是也"，④ 并认
为只有从更高层次的道来理解和践履它们，才能保证其真实性："仁者资道以

---

　　① 王符：《潜夫论·本训》，见《潜夫论笺校正》，汪继培笺，彭铎校正，第369页，中华书局
1985年版。
　　② 王符：《潜夫论·交际》，见《潜夫论笺校正》，汪继培笺，彭铎校正，第355页，中华书局
1985年版。
　　③ 王弼：《老子指略》，见《王弼集校释》（上），楼宇烈校释，第198页，中华书局1980年版。
　　④ 王弼：《老子·第三十八章》，见《王弼集校释》（上），楼宇烈校释，第94页，中华书局
1980年版。

见其仁，知者资道以见其知，各尽其分。"①

道有时也被王弼称为"无""自然"，代表着宇宙万物的本源与本质。他说："天下之物，皆以有为生。有之所始，以无为本。"② 又说："道者，无之称也，无不通也，无不由也。"③ 可见，王弼所理解的"道"不仅具有"创生性"，也有"普适性"。"创生性"指"道"虽无色无味，却是万物得以生长变化的根本原因："清不能为清，盈不能为盈，皆有其母，以存其形。"④ 天地万物虽有各自的特性或作用，但如果仅仅执着于各自有限的特性或作用，则不能保持和发挥出自己的特性或作用，甚至会走向自己的反面。因此，王弼主张"崇本以举其末""守其母以存其子"。⑤ 所谓"崇本"就是要从终极根源去理解和解决问题。

> 故闲邪在乎存诚，不在善察；息淫在乎去华，不在滋章；绝盗在乎去欲，不在严刑；止讼存乎不尚，不在善听。故不攻其为也，使其无心于为也；不害其欲也，使其无心于欲也。谋之于未兆，为之于未始，如斯而已矣。⑥

他认为，要使人真正卓越完善起来，就不能只依靠外在规范来限制和约束人心，而必须从人心内部或性情去根除不合理的欲望：这就牵涉到人性问题。而道的"普适性"其实就是指人性问题。在王弼看来，万物既然都由道生，自然先天就禀赋了道性："万物以自然为性，故可因而不可为也，可通而不可执也。"⑦ 但除普遍的自然之性外，他还认为人心包含着有差别的情欲。在解释孔子"性相近也"这句话时，王弼说：

> 孔子曰："性相近也。"若全同也，相近之辞不生；若全异也，相近之辞亦不得立。今云近者，有同有异，取其共是。无善无恶则同

---

① 王弼：《周易·系辞传上》，见《王弼集校释》（下），楼宇烈校释，第542页，中华书局1980年版。

② 王弼：《老子·第四十章》，见《王弼集校释》（上），楼宇烈校释，第110页，中华书局1980年版。

③ 王弼：《论语释疑》，见《王弼集校释》（下），楼宇烈校释，第624页，中华书局1980年版。

④ 王弼：《老子·第三十九章》，见《王弼集校释》（上），楼宇烈校释，第106页，中华书局1980年版。

⑤ 王弼：《老子·第三十八章》，见《王弼集校释》（上），楼宇烈校释，第95页，中华书局1980年版。

⑥ 王弼：《老子指略》，见《王弼集校释》（上），楼宇烈校释，第198页，中华书局1980年版。

⑦ 王弼：《老子·第二十九章》，见《王弼集校释》（上），楼宇烈校释，第77页，中华书局1980年版。

也，有浓有薄则异也。虽异而未相远，故曰近也。①

"无善无恶"之性即为自然之性；由禀气厚薄而产生的"气质之性"则有善恶差异。这种"气质之性"实质就是通常所说的情欲。它们之间的关系为"本末""体用"的关系，即自然之性虽不同于情欲，但也不能离开情欲单独存在。据《王弼传》载：

> 何晏以为圣人无喜怒哀乐，其论甚精，钟会等述之。弼与不同，以为圣人茂于人者，神明也；同于人者，五情也。神明茂，故能体冲和以通无；五情同，故不能无哀乐以应物。然则圣人之情，应物而无累于物者也。今以其无累，便谓不复应物，失之多矣。②

圣人为儒家文化的理想人格，但他与众人一样都具有喜怒哀乐之情。孔子遇颜渊则乐，丧颜渊则哀，因此不能说圣人无情。这说明圣人之性为情中之性，非离情而单独存在。他区别于常人的地方仅在于，能够"性其情"，即在情欲面前能够始终从性的层面来理解和满足情欲，而"能使之正"。更可贵的是，王弼还提出"性其情"的主体自由原则，判断情是否得正就看他能否"应物而无累于物者也"，或者说，能否在情欲面前做主，能做主就为正，不能做主就为邪。

在德性修养上，王弼主要吸收了道家的修身理论。他说：

> 道视之不可见，听之不可闻，搏之不可得。如其知之，不须出户；若其不知，出愈远愈迷也。③

即认为，道无色无象，但又普遍存在于万事万物当中，因此，我们不能直接通过智识来把握道，而只能依靠内在反省。这就需要去除人我两分的偏执，使心灵与自然冥合为一：

> 与天地合德，乃能包之。如天之道，如人之量，则各有其身，不得相均。如惟无身无私乎自然，然后乃能与天地合德。④

---

① 王弼：《论语释疑》，见《王弼集校释》（下），楼宇烈校释，第632页，中华书局1980年版。
② 王弼：《王弼传》，见《王弼集校释·附录》（下），楼宇烈校释，第640页，中华书局1980年版。
③ 王弼：《老子·第四十七章》，见《王弼集校释》（上），楼宇烈校释，第126页，中华书局1980年版。
④ 王弼：《老子·第七十七章》，见《王弼集校释》（上），楼宇烈校释，第186页，中华书局1980年版。

为此，人需要去私、清静无为，"惟以空为德，然后乃能动作从道"；① 使己心与人心相感相通，"大制者，以天下心为心，故无割也"。② 从这来看，王弼所谓的"以无为心"，代表着与人同心同欲的状态，而不是指去除人的一切欲望。这也导致他不像老庄那样完全否定智识的作用，只是反对服务于私利的奸巧之慧："夫圣智，才之杰也；仁义，行之大者也；巧利，用之善也。本苟不存，而兴此三美，害犹如之，况术之有利，斯以忽素朴乎。"③ 因为，人的需要毕竟依赖一定智识才可以满足。更何况，王弼一直强调"唯变所适是其常典也"④ 的德性主体自由原则，自然也需要智识判断。

二、"越名教而任自然"

与王弼融"名教"与"自然"为一的思维趋向不同，嵇康要求彻底冲破"名教"之网对人的压抑，从而提出"越名教而任自然"的思想。"自然"在中国文化中一般有两种内涵：一是指道或与道合一的修养境界；一是指人的本能欲望。在嵇康这里，"自然"兼有这两层意思。他说："六经以抑引为主，人性以从欲为欢。抑引则违其愿，从欲则得自然。"⑤ 又说："矜尚不存乎心，故能越名教而任自然；情不系于所欲，故审贵贱而通物情。"⑥ 前一个"自然"指本能欲望，后一个"自然"则指不谴是非、与道合一的境界。这说明"越名教而任自然"这一思想命题实质包含着两层意思：一指超越外在名教规范约束直达道德本然之心；一指摆脱名教规范的压抑，与个体自然欲望相结合的人生态度。而在嵇康看来，这两者在本然意义上又是直接统一的：

> 君子之行贤也，不察于有度而后行也；任心无邪，不议于善而后正也；显情无措，不论于是而后为也。⑦

所谓"显情"即指自然生发的情感。这种情感虽从属于个体欲望，但又不失

---

① 王弼：《老子·第二十一章》，见《王弼集校释》（上），楼宇烈校释，第 52 页，中华书局 1980 年版。
② 王弼：《老子·第二十八章》，见《王弼集校释》（上），楼宇烈校释，第 75 页，中华书局 1980 年版。
③ 王弼：《老子指略》，见《王弼集校释》（上），楼宇烈校释，第 199 页，中华书局 1980 年版。
④ 王弼：《周易·系辞传下》，见《王弼集校释》（下），楼宇烈校释，第 570 页，中华书局 1980 年版。
⑤ 嵇康：《嵇康集·难自然好学论》，见《嵇康集校注》，戴明扬校注，第 408 页，中华书局 2015 年版。
⑥ 嵇康：《嵇康集·释私论》，见《嵇康集校注》，戴明扬校注，第 368 页，中华书局 2015 年版
⑦ 嵇康：《嵇康集·释私论》，见《嵇康集校注》，戴明扬校注，第 368－369 页，中华书局 2015 年版。

普遍性。如嵇康曾举例说："昔吾兄子有疾，吾一夕十往省，而反寐自安；吾子有疾，终朝不往视，而通夜不得眠。"① 就是说，侄子生病了，尽管我一天看望十次，但回家就能睡觉；而自己儿子生病了，即使不去看望，晚上也无法睡觉。这是因为：

> 今第五伦显情，是无私也；矜往不眠，是有非也。无私而有非者，无措之志也……以志无所尚，心无所欲，达乎大道之情，动以自然，则无道以至非也。②

这是自然生发的情感，所以是无私的，但侄子就可以睡觉，儿子就不能入睡，就反映自私的一面。无私中包含自私，自私中又包含无私，这不是人有意为之的，所以通乎大道自然之情。在先秦儒学中，又把这种"显情"称为"美情"，如郭店楚简《性自命出》篇说：

> 凡人情为可悦也。苟以其情，虽过不恶；不以其情，虽难不贵。苟有其情，虽未之为，斯人信之矣。未言而信，有美情者也。③

"凡人情为可悦"之"悦"，是指好和令人喜欢的意思。文意是，凡是真情表现的就是好的，即便做错了事，犯了过失，也不为恶；相反，不以真情，专务矫饰，即便再高深，也不足为贵。嵇康则把它提升至道的高度，这在某种意义上就把真情当作为人的本质。那么，德性就是要去掉人为的矫饰，恢复自然的真情。嵇康之友阮籍曾以亲身实践的方式向世人表达了同样的意思。据《晋书》本传的叙述，说他：

> 性至孝，母终，正与人围棋。对者求止，籍留与决赌。既而饮酒二斗，举声一号，吐血数升。及将葬，食一蒸肫，饮二斗酒，然后临诀，直言穷矣，举声一号，因又吐血数升，毁瘠骨立，殆致灭性。④

像阮籍这样悖反丧礼规范的尽孝方式，其实表达的也就是嵇康的"越名教而任自然"的思想。

在德性修养上，嵇康明显表现出反智的倾向，主张"无为自得"：

> 浩浩太素，阳曜阴凝；二仪陶化，人伦肇兴。厥初冥昧，不虑不营；欲以物开，患以事成。犯机触害，智不救生；宗长归仁，自然之

---

① 嵇康：《嵇康集·释私论》，见《嵇康集校注》，戴明扬校注，第372页，中华书局2015年版。
② 嵇康：《嵇康集·释私论》，见《嵇康集校注》，戴明扬校注，第372页，中华书局2015年版。
③ 《性自命出》，见《郭店楚简校读记》，李零著，第107页，北京大学出版社2002年版。
④ 《晋书·阮籍传》。

情。故君道自然，必托贤明；茫茫在昔，罔或不宁。①

在原初时代，人智不开，物欲不挈，人自然有德；后人智开启，物欲遂张，终日言智求德，而人无德。嵇康还认为，智只能知善知恶，却不能为善去恶：

> 议于去就，则二心交争；二心交争，则向所见役之情胜矣。或有中道而废，或有不成一匮而败之。以之守则不固，以之攻则怯弱。②

"议"就指用智判别善恶。它不能保证人不被物欲牵引，因此，以智守德，不是中道而废，就是最终溃败。唯有"无心守之安，而体之，若自然也"③才能使人形成真实的德性。这里的"无心"即超越善恶判别之智的自然状态。因此，嵇康讲究"心无所措"的修养："是故言君子，则以无措为主，以通物为美；言小人，则以匿情为非，以违道为阙。"④"无措"就是要心无偏执、无判别，任心显发，从而达到与物交融的境界。但是，嵇康又没有彻底割裂智对人德性培养的价值，而只认为人的修养不能仅停留在智的层面：

> 清虚静泰，少私寡欲。知名位之伤德，故忽而不营，非欲而强禁也。识厚味之害性，故弃而弗顾，非贪而后抑也。外物以累心不存，神气以醇白独著，旷然无忧患，寂然无思虑。⑤

真情显露必须达到清净寡欲的状态，这就需用智辨别何为欲、何为非欲，但仅知道诸如"名位""厚味"等欲望能破坏人的德性是不够的，同时必须达到"非欲而强禁也""非贪而后抑也"这种自然自由状态，才可算作真有德性。因此，智在嵇康的德性修养思想中，既充当剪除阻碍真情显发欲望的积极作用，也充当障碍真情显露的消极作用。这也就是导致他反智又提倡用智修养德性思想产生的原因。

三、"名教即自然"

自王弼提出"以无为本"的哲学理念后，体无谈虚一时成为魏晋名士的生活风尚。但以"无"作为世间行为的第一价值准则，不可避免地会走上取消人的能动性的道路，直至否认人的社会价值。裴頠正是基于这种考虑，批判了王弼的"贵无"论，转而提倡"崇有"论。他认为："夫至无者无以能生，

---

① 嵇康：《嵇康集·太师箴》，见《嵇康集校注》，戴明扬校注，第485页，中华书局2015年版。
② 嵇康：《嵇康集·家诫》，见《嵇康集校注》，戴明扬校注，第494-495页，中华书局2015年版。
③ 嵇康：《嵇康集·家诫》，见《嵇康集校注》，戴明扬校注，第495页，中华书局2015年版。
④ 嵇康：《嵇康集·释私论》，见《嵇康集校注》，戴明扬校注，第368页，中华书局2015年版。
⑤ 嵇康：《嵇康集·养生论》，见《嵇康集校注》，戴明扬校注，第231页，中华书局2015年版。

故始生者自生也。自生而必体有，则有遗而生亏矣。生以有为己分，则虚无是有之所谓遗者也。"① 这种思想展现在现实生活中，就是要求人重归儒家推崇的道德生活方式："居以仁顺，守以恭俭，率以忠信，行以敬让，志无盈求，事无过用，乃可济乎！"② 但在郭象看来，仅遵守仁义礼智信等外在的道德规范，而无真实的德性品格作为保障，很可能又使它们成为追求个人私欲的掩饰工具："五者所以禁盗，而反为盗资也。"③ 因此，如何调节有无、德性与仁义的关系是郭象思想的主要内容。

郭象对"无"的看法，既不同于王弼把"无"看作万物的本体，也不同于裴頠把"无"视作"有之所谓遗者也"。他认为，"夫老庄之所以屡称无者，何哉？明生物者无物，而物自生耳"。④ 就是说，"无"不代表什么本体存在，而仅表示天地万物的生成没有任何东西作为它的根据，是"自生"的，即自然而然的生成变化，没有任何终极的支配力量。这就取消了王弼提倡的本体价值优位的思想，而把万物的价值地位平等化，如郭象说：

> 夫小大虽殊，而放于自得之场，则物任其性，事称其能，各当其分，逍遥一也，岂容胜负于其间哉！⑤

同时，郭象又相信一种"预定和谐"论，认为天地万物虽冥然"独化"，但又是相互联系、相互依存的：

> 故天地万物凡所有者，不可一日而相无也。一物不具，则生者无由得生，一理不至，则天年无缘得终。⑥

这就导致他相信万物只要各守自然本性，就能各自满足、相安和谐思想的产生。如鱼自乐于水、鸟志趣于蓝天都属于合乎自然本性生活的表现。但涉及人时，这种问题就显得比较复杂。首先，郭象似乎也把仁义视为人之本性："夫

---

① 裴頠：《崇有论》，见《中国历代哲学名著选读》（上），冯契主编，第385页，上海古籍出版社1991年版。

② 裴頠：《崇有论》，见《中国历代哲学名著选读》（上），冯契主编，第383页，上海古籍出版社1991年版。

③ 郭象：《庄子·胠箧》注，见《南华真经注疏》（上），成玄英疏，第202页，中华书局1998年版。

④ 郭象：《庄子·在宥》注，见《南华真经注疏》（上），成玄英疏，第220页，中华书局1998年版。

⑤ 郭象：《庄子·逍遥游》注，见《南华真经注疏》（上），成玄英疏，第1页，中华书局1998年版。

⑥ 郭象：《庄子·大宗师》注，见《南华真经注疏》（上），成玄英疏，第135页，中华书局1998年版。

仁义自是人之情性，但当任之耳。"① 但是对仁义的理解，他又不同于传统儒家，甚至直接批判儒家的仁义观念：

> 谓仁义为善，则损身以殉之，此于性命，还自不仁也。身（且）〔自〕不仁，其如人何？故任其性命乃能及人，及人而不累于己，彼我同于自得，斯可谓善也。②

因此，仁义不是简单的爱人利人的行为，而是能得本性，又不干扰他人本性实现的境界，"善于自得，忘仁而仁"，③ "至仁无亲，任理而自存"。④ 而何为"自得""自存"呢？这就必须回溯到郭象的天道宇宙观了。尽管他主张万物"独化"自生及"预定和谐"的思想，但不排除事物的运动变化现象。他说："天地万物无时而不移也。"⑤ 又说："向者之我，非复今我，我与今俱往矣。"⑥ 这说明郭象不承认任何本质不变的事物，或者说，变化是所有事物的绝对本性，因此，人合乎本性的生活，就是要与物俱往，不存个人任何私念，"德者，自彼所循，非我作"。⑦ 从这里，我们可以看出，郭象的德性思想具有浓厚的宿命论色彩："夫率性直往者，自然也。往而伤性，性伤而能改者，亦自然也。"⑧

在德性修养上，郭象明确反对儒家名教化理论。他说："由腐儒守迹，故致斯祸。不思捐迹反一，而反复攘臂用迹以治迹，可谓无愧而不知耻之甚

---

① 郭象：《庄子·骈拇》注，见《南华真经注疏》（下），成玄英疏，第185页，中华书局1998年版。

② 郭象：《庄子·骈拇》注，见《南华真经注疏》（下），成玄英疏，第190页，中华书局1998年版。

③ 郭象：《庄子·骈拇》注，见《南华真经注疏》（上），成玄英疏，第190页，中华书局1998年版。

④ 郭象：《庄子·大宗师》注，见《南华真经注疏》（上），成玄英疏，第138页，中华书局1998年版。

⑤ 郭象：《庄子·大宗师》注，见《南华真经注疏》（上），成玄英疏，第143页，中华书局1998年版。

⑥ 郭象：《庄子·大宗师》注，见《南华真经注疏》（上），成玄英疏，第144页，中华书局1998年版。

⑦ 郭象：《庄子·大宗师》注，见《南华真经注疏》（上），成玄英疏，第140页，中华书局1998年版。

⑧ 郭象：《庄子·大宗师》注，见《南华真经注疏》（上），成玄英疏，第162页，中华书局1998年版。

也。"① 又说："矜仁尚义，失其常然，以之死地，乃大惑也!"② 即认为，名教制度呆滞刻板，既不能随物俱化，又不能合乎人之本性，尽管它的本意是好的。

> 圣知仁义者，远于罪之迹也。迹远罪，则民斯尚之，尚之则矫诈生焉。矫诈生，而御奸之器不具者，未之有也。③

仁义作为外在的行为规范，一旦成为社会公认的评判善恶的标准的话，人就会不顾一切地用智刻意地追求，因此，必然产生不合乎自然本性的奸诈虚伪的行为。郭象不无感慨地说：

> 人在天地之中，最能以灵知喜怒扰乱群生而振荡阴阳也。故得失之间，喜怒集乎百姓之怀，则寒暑之和败，四时之节差，百度昏亡，万事夭落也。④

因此，他主张"去知""去情"的德性修养方法。"夫知者，未能无可无不可，故必有待也；若乃任天而生者，则遇物而当也。"⑤ 就是说，知必然依赖于一定的客观对象，从而与对象处于"有待"、片刻不能相离的状态，故不能与物"独化"于玄冥之境。同时，与无穷的天地万物相比，人的知识总是有限的，若殚精竭虑地追求知识，不但会陷入以有穷企及无穷的困顿之境，也会"举根俱弊，斯以其所知而害所不知也"，⑥ 即破坏人的其他功能和使命。但郭象并不否定知识本身的价值，而只反对人刻意地追求知识。

> 故世之所谓知者，岂欲知而知哉？所谓见者，岂为见而见哉？若夫知见可以欲为（而）得者，则欲贤可以得贤，为圣可以得圣乎？固不可矣！而世不知知之自知，因欲为知以知之；不见见之自见，因

---

① 郭象：《庄子·在宥》注，见《南华真经注疏》（上），成玄英疏，第218页，中华书局1998年版。

② 郭象：《庄子·骈拇》注，见《南华真经注疏》（上），成玄英疏，第187页，中华书局1998年版。

③ 郭象：《庄子·在宥》注，见《南华真经注疏》（上），成玄英疏，第218页，中华书局1998年版。

④ 郭象：《庄子·在宥》注，见《南华真经注疏》（上），成玄英疏，第213页，中华书局1998年版。

⑤ 郭象：《庄子·大宗师》注，见《南华真经注疏》（上），成玄英疏，第135页，中华书局1998年版。

⑥ 郭象：《庄子·大宗师》注，见《南华真经注疏》（上），成玄英疏，第135页，中华书局1998年版。

欲为见以见之；不知生之自生，又将为生以生之。①

郭象相信人天生就具有知的能力，如目之能视、耳之能听，这在某种意义上也
是人的自然之性，因此，他要求人"知不过于所知，故群性无不适；德不过
于所得，故群德无不当"。② 郭象就是要求人把知识当作德性看，而不能当作
满足个人私欲的工具手段。

由于把任乎自然本性的生活当作至善的标准，郭象自然鄙弃包含个体追求
意识的情欲："无情，故浩然无不任。无不任者，有情之所未能也，故无情而
独成天也。"③ 在他看来，情欲会导致人逐物无节、外求无度，直至天理泯灭：
"人生而静，天之性也，感于物而动，性之欲也。物之感人无穷，人之逐欲无
节，则天理灭矣。"④ 这是因为情欲包含着"我"的偏执意识，是以自己好恶
作为价值评判标准的，故而必然与自然本性相违背："夹好恶之情非所以益
生，祗足以伤身，以其生之有分也。"⑤ 但郭象也不主张彻底抛弃人的各种
需要：

> 夫民之德，小异而大同。故性之不可去者，衣食也；事之不可废
> 者，耕织也；此天下之所同而为本者也。守斯道者，无为之至也。⑥

衣食住穿是人的基本需要，离开它们人根本无法生存，因此，郭象把这些需要
也当作人的自然本性，肯定其合理存在的价值。从这可以看出，郭象"去情"
思想的实质是反对把人的需要当作价值目标来追求，而不反对满足需要的合理
行为。有时，郭象又把"去知""去情"修养方法综合成"无心"的修养思
想。他说："夫无心而应者，任彼耳，不强应也。"⑦ 又说："夫得心者，无思
无虑，忘知忘觉，死灰槁木，泊尔无情，措之于方寸之间，起之于视听之表，

---

① 郭象：《庄子·人间世》注，见《南华真经注疏》（上），成玄英疏，第84页，中华书局1998
年版。
② 郭象：《庄子·胠箧》注，见《南华真经注疏》（上），成玄英疏，第207页，中华书局1998
年版。
③ 郭象：《庄子·德充符》注，见《南华真经注疏》（上），成玄英疏，第126页，中华书局
1998年版。
④ 郭象：《庄子·大宗师》注，见《南华真经注疏》（上），成玄英疏，第137页，中华书局
1998年版。
⑤ 郭象：《庄子·德充符》注，见《南华真经注疏》（上），成玄英疏，第128页，中华书局
1998年版。
⑥ 郭象：《庄子·马蹄》注，见《南华真经注疏》（上），成玄英疏，第195页，中华书局1998
年版。
⑦ 郭象：《庄子·人间世》注，见《南华真经注疏》（上），成玄英疏，第83页，中华书局1998
年版。

同二仪之覆载，顺三光以照烛，混尘秽而不扰其神，履穷塞而不忤其虑，不得为得，而得在于无得，斯得之矣。"① 这就是要去除个体的一切志虑，把心与自然大化合一，如此才可称为合乎德性的生活。

第四节　儒家德性思想的重新兴起

内圣外王自古以来就是儒家哲学义理的内在逻辑，即外在的功业必须建立在内在心性修养的基础上才会有博施济民的实效性，否则就会沦落为个人私欲的无限扩展。但随着儒学在汉代取得独尊地位后，儒家士人都忙于用儒家名教礼法来改造社会，而对先秦儒家德性修养之学很少发扬和顾及。这不仅使儒家外王之道失去内在的根基，而且使得佛道之学乘机占领了心性修养之领域。那么，一旦在外在功业无法实现的情况下，许多朝气蓬勃的儒家士人就转向佛道心性领域寻求精神上的安慰。面对这样的历史境地，唐儒深感儒学未来命运危机重重。"周道衰，孔子没，火于秦，黄老于汉，佛于晋、魏、梁、隋之间。其言道德仁义者，不入于杨，则归于墨；不入于老，则归于佛。"② 为此，他们积极地重构儒家德性之学，以期重振日渐式微的儒家文化。

一、刘禹锡、柳宗元与儒家德性思想

刘禹锡、柳宗元身处唐王朝民困国衰、各种社会矛盾充分暴露的时期。这种社会环境激发了他们图变求存、锐意改革的社会态度。展现在德性思想上，刘、柳更关注从社会现实的需要来阐释德性存在的根据。如柳宗元在《封建论》中指出，人类历史的发展存有一个客观发展的趋势，它既不是什么"天命""神意"，也不是"帝王""圣人"的意志，而是人们的现实生存需要。德性同样产生于这样的现实需要当中："惟人之仁，匪祥于天；匪祥于天，兹惟贞符战！未有丧仁而久者也，未有恃祥而寿者也。"③ 这说明，仁爱德性的产生并不来源于天道意志，而是人与社会追求长治久安需要的产物。以往之所以把德性与"天命"联系在一起，是社会动乱不安，人未能合理解释德性与社会治乱关系的结果。

　　生乎治者，人道明，咸知其所自，故德与怨不归乎天；生乎乱

---

① 郭象：《庄子·德充符》注，见《南华真经注疏》（下），成玄英疏，第113页，中华书局1998年版。

② 韩愈：《原道》，见《韩愈全集》，钱仲联、马茂元校点，第120页，上海古籍出版社1997年版。

③ 柳宗元：《贞符》，见《柳宗元集》，易新鼎点校，第22页，中国书店2000年版。

者，人道昧，不可知，故由人者举归乎天。非天预乎人尔！①

因此，刘、柳反对从"天命""神意"的角度来诠释德性：

> 然而圣人之道，不穷异以为神，不引天以为高；利于人，备于事，如斯而已矣。②

就是说，德性不必溯源于"天命""神意"，而在于对现实利害的深思明辨。鉴于此，刘、柳批判了以孟子为代表的先验道德论："故善言天爵者，不必在道德忠信，明与志而已矣。"③ 他们认为，人性并不存有先验的道德观念，唯有聪明睿智与坚定的意志。通过"明"与"志"的努力，人才可能后天地具备道德观念："宣无隐之明，著不息之志，所以备四美而富道德也。"④ 这基本上继承了荀子、王符"德由智成"的观点。但与他们偏向对既定礼法学习的态度不同的是，刘、柳更看重"生人之意"，⑤ 即人们的现实生存意愿。在《种树郭橐驼传》中，柳宗元借郭橐驼之口表达了他对人性意志的尊重：

> 凡植木之性，其本欲舒，其培欲平，其土欲故，其筑欲密。既然已，勿动勿虑，去不复顾。其莳也若子，其置也若弃，则其天者全而其性得矣。⑥

就是说，人之德性如同树之德性，须充分尊重其本然的要求，切勿随便干扰。因此，在经权关系上，刘、柳非常强调"权"存在的价值与地位：

> 知经而不知权，不知经者也。知权而不知经，不知权者也。偏知而谓之智，不智者也；偏守而谓之仁，不仁者也。知经者，不以异物害吾道；知权者，不以常人怫吾虑。合之于一而不疑者，信于道而已者也。⑦

经权关系一直是儒家探讨的焦点问题。一般而言，儒家都倾向于"经"，而视"权"为"经"的辅助。刘、柳却把"经""权"对等起来，无"权"即无"经"，反之亦然。这表明他们注重根据现实生活需要不断调整德性内涵的务实态度。

---

① 刘禹锡：《天论上》，见《刘禹锡集》（上），卞孝萱校订，第69页，中华书局1990年版。

② 柳宗元：《时令论上》，见《柳宗元集》，易新鼎点校，第48页，中国书店2000年版。

③ 柳宗元：《天爵论》，见《柳宗元集》，易新鼎点校，第46页，中国书店2000年版。

④ 柳宗元：《天爵论》，见《柳宗元集》，易新鼎点校，第46页，中国书店2000年版。

⑤ 柳宗元：《贞符》，见《柳宗元集》，易新鼎点校，第18页，中国书店2000年版。

⑥ 柳宗元：《种树郭橐驼传》，见《柳宗元集》，易新鼎点校，第257-258页，中国书店2000年版。

⑦ 柳宗元：《断刑论下》，见《柳宗元集》，易新鼎点校，第52页，中国书店2000年版。

在德性修养方面，刘、柳首先强调学习："学之至，斯则仲尼矣；未至而欲行仲尼之事，若宋襄公好霸而败国，卒中矢而死。"① 就是说，道德实践需要理论指导，离开理论指导的道德实践只能产生好心办坏事的结果，如"宋襄公好霸而败国"。但道德知识学习又不同于科学学习，它必须结合主体自身的反思明辨和实践体验。如柳宗元说："圣人能求诸中，以厉乎己，久则安乐之矣，子则肆之。其所以异乎圣者，在是决也。"② 同样是学习，圣人能反求己心，使外在的知识与内在心志融合为一体，久则如同自身本有的知识；而常人始终不能做到这一点，因此不能成为圣人。同时，这与圣人敢于接受批判的精神紧密联系：

> 道固公物，非可私而有。假令子之言非是，则子当自求暴扬之，使人皆得刺列，卒采其可者，以正乎己，然后道可显达也。③

就是说，道是客观公正的存在，不能随意地主观设想，因此应该主动接受别人的批判，取其合理的地方来纠正自己不合理的地方，只有这样，道才能真正为人掌握。尤其值得一提的是，刘、柳还把个体的德性修养与社会整体环境结合了起来。在他们看来，社会政治环境的好坏直接决定人对德性的态度，在政治安定、是非分明的环境下，人都努力修养德性；反之，人只会遵守"丛林法则"。如刘禹锡说：

> 法大行，则是为公是，非为公非。天下之人，蹈道必赏，违之必罚……福兮可以善取，祸兮可以恶召，奚预乎天耶？④

意思是说，如果社会是非分明，守道得赏，违道必罚，那么，人就不会把祸福托付给不可捉摸的"天命"，而以为善去恶作为得福去祸的行为标准。因此，柳宗元突出强调在社会职责的实践中培养德性，这一方面是由于德性修养需要接受社会实践的磨砺和检验，另一方面则是通过社会职责实践来改善德性修养的社会环境。"且夫官所以行道也，而曰守道不如守官，盖亦丧其本矣。未有守官而失道，守道而失官之事者也。"⑤ 这里"官"的意思是指："凡圣人之所以为经纪，为名物，无非道者。命之曰官，官是以行吾道云尔。"⑥ 可见，"官"即指圣人为人类制定的礼法等级制度（包括人物名称）。在其看来，

---

① 柳宗元：《答严厚舆秀才论为师道书》，见《柳宗元集》，易新鼎点校，第459-460页，中国书店2000年版。

② 柳宗元：《与杨诲之第二书》，见《柳宗元集》，易新鼎点校，第445页，中国书店2000年版。

③ 柳宗元：《与杨诲之第二书》，见《柳宗元集》，易新鼎点校，第449页，中国书店2000年版。

④ 刘禹锡：《天论上》，见《刘禹锡集》（上），卞孝萱校订，第68页，中华书局1990年版。

⑤ 柳宗元：《守道论》，见《柳宗元集》，易新鼎点校，第47页，中国书店2000年版。

⑥ 柳宗元：《守道论》，见《柳宗元集》，易新鼎点校，第46页，中国书店2000年版。

"道"与"官"之间是一种体用关系,"守道"就要"守官",反之,"守官"也就是"守道"。如柳宗元说:

> 故自天子至于庶民,咸守其经分,而无有失道者,和之至也。失其物,去其准,道从而丧矣。易其小者,而大者亦从而丧矣。古者居其位思死其官,可易而失之哉?①

就是说,每个人若能尽其"官"而死,社会就会和谐安宁,就能从中体察到永恒不变的道,从而拥有真实的德性。

二、韩愈、李翱的德性思想

排斥佛道、重建儒家道统是韩愈、李翱治学的最终目的。在历史上,佛教和道教都曾围绕着它们的宗教思想建构了一个历史渊源极长的传承体系——"法统",以证明自己宣扬的思想是圣人代代相传的结晶。韩愈为了对抗佛道两教,也为儒家思想编织了一个传承系统——"道统",认为儒家学说源于古代圣王尧舜,传于周公、孔子,孔子又传给了孟子,但孟子之后就不得其传了,结果使佛道思想"泛滥"中国。鉴于此,韩愈觉得他的历史使命就是要重新恢复这个"道统",使人明了儒家圣人代代相续的正统思想。从内容上看,韩愈所提倡的"道统"就是孔孟的仁义道德思想。他说:

> 夫所谓先王之教者,何也?博爱之谓仁;行而宜之之谓义;由是而之焉之谓道;足乎己,无待于外之谓德。②

这里的"博爱"并不代表破除贵贱等级秩序的"平等""自由"观念,在内涵上,与孔子所说的"泛爱众"思想相等。"义"则代表着儒家一贯强调的"亲亲尊尊""爱有差等"的亲疏尊卑秩序。在韩愈看来,"道"与"德"都是虚位词,没有确定的内涵,各家各派都可以根据需要作出不同的解释,因此,不能依据道德观念来判别不同派别的思想差异,而必须深入到它们所宣扬的思想的实质内涵。就儒家来看,儒家道德观念一直都是结合仁义观念来讲的:"凡吾所谓道德云者,合仁与义言之也。"③ 那么,离开仁义来讲道德,从而把"清净寂灭"看成道德内容的派别,就不能与儒家等同,而应视之为异端邪说。这就旗帜鲜明地把仁义学说作为儒家"道统"的根本内容,视为儒家区别其他学术派别的根本标准。

在人性论上,韩愈大有综合儒家传统人性观的心志,在某种意义上这也是

---

① 柳宗元:《守道论》,见《柳宗元集》,易新鼎点校,第47页,中国书店2000年版。
② 韩愈:《原道》,见《韩愈全集》,钱仲联、马茂元校点,第121页,上海古籍出版社1997年版。
③ 韩愈:《原道》,见《韩愈全集》,钱仲联、马茂元校点,第120页,上海古籍出版社1997年版。

为了服务于他构建儒家"道统"论的需要。他说：

> 孟子之言性曰：人之性善；荀子之言性曰：人之性恶；扬子之言
> 性曰：人之性善恶混。夫始善而进恶，与始恶而进善，与始也混而今
> 也善恶；皆举其中而遗其上下者也，得其一而失其二者也。[①]

他认为，性善、性恶及善恶相混论都只是人性本质的一个方面，其实，人性可分为善、可善可恶、恶三个级别。如韩愈说："性之品有上中下三。上焉者，善焉而已矣；中焉者，可导而上下也；下焉者，恶焉而已矣。"[②] 所谓上品人性就指如周公、孔子之类圣人的本性；中品人性代表着常人之性；下品人性即指丹朱之类不可教化的极恶之徒。可见，韩愈的"性三品"论基本上囊括了儒家传统的人性观，但又不自觉地陷入了先验的等级人性论。这既与儒家一贯强调的德性平等观念相悖，也不利于儒家道德学说的宣传和被大家接受。关于性情关系，韩愈还是依据"性三品"论把"情"也分为三种等级：

> 性之于情视其品。情之品有上中下三，其所以为情者七：曰喜、
> 曰怒、曰哀、曰惧、曰爱、曰恶、曰欲。上焉者之于七也，动而处其
> 中；中焉者之于七也，有所甚，有所亡，然而求合其中者也；下焉者
> 之于七也，亡与甚，直情而行者也。情之于性视其品。[③]

就是说，"情"是"性""接于物而生也"[④]，可分为喜、怒、哀、惧、爱、恶、欲七种。上品之人其"情"能动容周旋皆中节，为善；中品之人则只能过或不及，或善或恶；下品之人纯粹任情欲而行，不作丝毫节制，为恶。这种"情三品"论虽没有完全排斥情欲存在的合理性，但毕竟也先天地把人的情欲分为上中下等级。它必然导致同种情欲因人性品的差异而得到完全不同的评价，这无疑会使人感到不满直至愤懑。

尽管李翱与韩愈存有非常密切的师友关系，但在性情思想上，他与韩愈的观点相差甚远，而与佛道观点接近。与佛道"众生平等"观点相应，李翱反对韩愈的"性三品"论，而主张人性平等论。他说：

> 性者，天之命也，圣人得之而不惑者也；……然则百姓者，岂其
> 无性者耶？百姓之性与圣人之性弗差也。[⑤]

---

① 韩愈：《原性》，见《韩愈全集》，钱仲联、马茂元校点，第122页，上海古籍出版社1997年版。
② 韩愈：《原性》，见《韩愈全集》，钱仲联、马茂元校点，第122页，上海古籍出版社1997年版。
③ 韩愈：《原性》，见《韩愈全集》，钱仲联、马茂元校点，第122页，上海古籍出版社1997年版。
④ 韩愈：《原性》，见《韩愈全集》，钱仲联、马茂元校点，第122页，上海古籍出版社1997年版。
⑤ 李翱：《复性书上》，见《李文公集》，第6页，上海古籍出版社1993年版。

他认为，人性由天而赋，因此圣人与平常百姓在人性上都是平等的。在现实生活中，之所以存有圣人与常人的差别，并不在于天赋本性上有什么差别，而在于后天接物而生的情。圣人能够去情复性，而常人则溺于情欲而不识其本性："人之所以为圣人者，性也；人之所以惑其性者，情也。"① 李翱还以水沙、火烟之喻来解释性情关系：

> 水之浑也，其流不清，火之烟也，其光不明，非水火清明之过，沙不浑，流斯清矣，烟不郁，光斯明矣。情不作，性斯充矣。②

从这看，他似乎主张"性善情恶"论，主张祛除人的一切欲望。但在别的地方，李翱又以体用关系解释性情："无性则情无所生矣。是情由性而生，情不自情，因性而情，性不自性，由情以明。"③ 这又说明性不能离情而单独存在，情性是一体的。在某种意义上，它反映了李翱人性论所存有的内在矛盾。但就《复性书》总体上看，后一种观点应该是主导的。如有人问他圣人是否有情的问题时，李翱坚定地说：

> 圣人者，岂其无情耶？圣人者，寂然不动，不往而到，不言而神，不耀而光，制作参乎天地，变化合乎阴阳，虽有情也，未尝有情也。④

即认为，圣人也是有情感的，但这种情感能时刻与性相合，故"虽有情也，未尝有情也"。

在德性修养上，李翱明显吸收了佛道的修养思想。他首先提出了"弗虑弗思"的去情复性修养法："弗虑弗思，情则不生，情既不生，乃为正思。正思者，无虑无思也。"⑤ 尽管李翱并不完全否认情存在的合理性，但对情亦始终保持高度的警惕。在其看来，人若不小心翼翼地防范情欲，情欲就一定会遮蔽人的至善本性。而情欲的产生总是与人的心志思虑直接相关，因此，欲去情就必须去除人的思虑，使人不再以"我"之思虑来判别好坏、美丑。其次，就是要由"弗虑弗思"提升到"心本无思"的境界。"弗虑弗思"虽以去除思虑为本务，但在李翱看来其本身还是一种思虑，因此，必须把"弗虑弗思"的心态进一步转变成"心本无思"的境界。

> 方静之时，知心无思者，是斋戒也。知本无有思，动静皆离，寂

---

① 李翱：《复性书上》，见《李文公集》，第6页，上海古籍出版社1993年版。
② 李翱：《复性书上》，见《李文公集》，第6页，上海古籍出版社1993年版。
③ 李翱：《复性书上》，见《李文公集》，第6页，上海古籍出版社1993年版。
④ 李翱：《复性书上》，见《李文公集》，第6页，上海古籍出版社1993年版。
⑤ 李翱：《复性书中》，见《李文公集》，第8页，上海古籍出版社1993年版。

> 然不动者，是至诚也。《中庸》曰："诚则明矣。"《易》曰："天下
> 之动，贞夫一者也。"①

就是说，追求"弗虑弗思"的寂静心态只是斋戒内心的开始，因为，有静必有动，动静互生就会产生情欲。而只有达到"心本无思"的动静皆忘的境界才能真正彻底地摆脱情欲的干扰，达到儒家传统所言的"诚则明"状态。在李翱看来，"明"就是一种觉悟，能使人忘却一切分别计执，从而合情为性。如他说：

> 觉则明，否则惑，惑则昏，明与昏，谓之不同。明与昏，性本无
> 有，则同与不同二者离矣。夫明者所以对昏，昏既灭，则明亦不立
> 矣。是故诚者，圣人性之也，寂然不动，广大清明，照乎天地，感而
> 遂通天下之故，行止语默无不处于极也。②

可见，李翱所言的"明"不是与"昏"相对的知觉明察，而是彻底消解了"明""昏"对待的与万物直接合一的"明"。这与佛家所讲的"离四句，绝百非"的思想是一致的。当然，作为儒家学者，李翱不可避免地会强调儒家礼法在德性修养中的必要性："视听言行，循礼法而动，所以教人忘嗜欲而归性命之道也。"③ 但从李翱的哲学体系来看，这些内容无疑不占据主导地位，在某种意义上则是折射出唐儒吸收佛道心性修养理论来为儒家德性论服务的倾向。

第五节　儒家德性思想的成熟与完备

宋明理学是儒家学说在传统社会所取得的最成熟的理论形态。这既表现在这一时期儒家学派林立、方家辈出，也体现在对儒家根本问题探讨的深入细致性上。就德性思想而言，宋明理学在德性形上学、性情关系、德智关系等几方面作出了卓越的研究。

一、德性形上学

与西方知识形上学相别，中国哲学则是一种德性形上学，其本体论理论形态表现为追问道德存在之第一原则，其所寻求的在于道德精神境界，亦即人的

---

① 李翱：《复性书中》，见《李文公集》，第8页，上海古籍出版社1993年版。
② 李翱：《复性书上》，见《李文公集》，第7页，上海古籍出版社1993年版。
③ 李翱：《复性书上》，见《李文公集》，第7页，上海古籍出版社1993年版。

安身立命之本。从历史来看，先秦儒学就已涉及这方面问题，如《易传》构建的宇宙本体论模式，但总体上看还是不完善。而宋明理学的德性形上学可以说是儒学发展所达到的最完善的理论形态。以德性特质来看，它是对规范伦理的超越，旨在把规范与个体自我结合起来，让个体自我能够自觉自愿地践履德行。这首先就牵涉到人自觉自愿践履德行的根据何在的问题。从一般意义上说，人之所以自觉自愿践履德行是因为德行能够获得一种幸福；反之，没有幸福作为目标的德行是没有人愿意自觉遵守的。那么，德福一致自然是德性存在必要的第一预设原则。宋明理学的德性形上学首先从这方面展开了哲学思辨。理学鼻祖周敦颐说：

> 无极而太极。太极动而生阳，动极而静；静而生阴，静极复动。一动一静，互为其根。分阴分阳，两仪立焉。阳变阴合，而生水火木金土。五气顺布，四时行焉。五行，一阴阳也；阴阳，一太极也；太极，本无极也。五行之生也，各一其性。无极之真，二五之精，妙合而凝。①

这是周敦颐根据道教《太极图》所构思的一套宇宙生成模式。它与《易传》最大的差异，就是把其本体概念"太极"转变成"无极而太极"。朱熹解释道："周子所谓'无极而太极'，非谓太极之上别有无极也，但言太极非有物耳。"② 就是说，"无极"代表着"太极"是一个无色无相、普遍的本体概念。因此，在周敦颐看来，"太极"不仅是宇宙产生的始点，也是作为万物普遍本质内存于具体事物之中的。那么，尽管事物表象相差悬殊，但究其本质来看却是一般无别的。二程把这种思想总括为"理一分殊"命题。如他们说：

> 二气五行刚柔万殊，圣人所由惟一理，人须要复其初。③

又说：

> 道之外无物，物之外无道，是天地之间无适非道也。即父子而父子在所亲，即君臣而君臣在所严，以至为夫妇，为长幼，为朋友，无所为而非道，此道所以不可须臾离也。④

朱熹则说：

---

① 周敦颐：《太极图说》，见《周子通书·附录》，徐洪兴导读，第48页，上海古籍出版社2000年版。

② 朱熹：《朱子论太极图》，见《周子通书·附录》，徐洪兴导读，第51页，上海古籍出版社2000年版。

③ 程颢、程颐：《二程遗书》，第133页，上海古籍出版社2000年版。

④ 程颢、程颐：《二程遗书》，第133页，上海古籍出版社2000年版。

> 周子谓"五殊二实,二本则一。一实万分,万一各正,大小有
> 定"。自下推而上去,五行只是二气,二气又只是一理……万物之中
> 又各具一理,所谓"乾道变化,各正性命",然总又只是一个理。此
> 理处处皆浑沦……物物各有理,总只是一个理。①

又说:

> "理一分殊"。合天地万物而言,只是一个理;及在人,则又各
> 自有一个理。②

为什么宋明理学家反复诠释"理一分殊"理论呢?从哲学角度看,"理一分殊"无非表达的是不同种事物具有同质性或共通性,并没有什么深奥的玄机。而当我们把视角转向德性问题上时,它就显示出无与伦比的价值。这是因为,这种共通性保证了人的德性活动能与外在事物始终保持一种和谐关系,即通过个体德性活动不仅能够完善自身修养,也能起到改造外在世界的效果,从而有可能使道德与幸福达成一致。例如尽孝虽只限于父子关系,但通过"理一分殊"理论的转化,也可起到使社会乃至自然完善的效果,如《大学》云:

> 一家仁,一国兴仁;一家让,一国兴让;一人贪戾,一国作乱,
> 其机如此。此谓一言偾事,一人定国。③

如果没有这种预设,就无法保证德性活动能起到改善社会、自然,直至实现自我幸福的目的,那么人就不可能自觉自愿地去培养德性,从而使德性失去了存在的根据。

陆王心学其实也一致坚持"理一分殊"的德性形上学原则,如陆九渊说:

> 见在无事,须是事事物物不放过,磨考其理。且天下事事物物只
> 有一理,无有二理,须要到其至一处。④

但他们总体上更侧重对德性形上学主体性特征的论证。德性是人自由自觉地践履德行,而在现实生活中人总受制于各种各样的环境,因此,德性形上学必然需要追问人从现实有限性上升到无限的自由自觉性的可能及根据的问题。陆九渊认为人不仅是经验型的存在,也是包含本然之心的无限存在:"万物森然于

---

① 朱熹:《周子之书》,见《朱子语类》(第三册),黎靖德编,杨绳其、周娴君校点,第2133页,岳麓书社1997年版。

② 朱熹:《理气上》,见《朱子语类》(第一册),黎靖德编,杨绳其、周娴君校点,第2页,岳麓书社1997年版。

③ 《大学》,见《四书全译》,刘俊田等译注,第18页,贵州人民出版社1988年版。

④ 陆九渊:《象山语录 阳明传习录》,杨国荣导读,第80页,上海古籍出版社2000年版。

方寸之间，满心而发，充塞宇宙，无非此理。"① 又说："此理塞宇宙，谁能逃之？顺之则吉，违之则凶。其蒙蔽则为昏愚，通彻则为明知。"② 是说，人心先天具备天地之理，而天地之理又是宇宙万物的根本，是能创生万物的造物主，因此，人能够超拔到绝对自由状态。王阳明则说：

> 良知是造化的精灵。这些精灵，生天生地，成鬼成帝，皆从此出，真是与物无对。人若复得他完完全全，无少亏欠，自不觉手舞足蹈，不知天地间更有何乐可代。③

这里的生天生地，并不是一种宇宙论上的生成关系。在"良知"之外，天地固然依旧存在，但这便是一种本然的存在；而作为价值意义存在的世界，离不开自家"良知"，所谓"皆从此出"，指的就是天地之意义由自家"良知"赋予。《传习录》还记载了这样的一段对话：

> 先生游南镇，一友指岩中花树问曰："天下无心外之物，如此花树，在深山中自开自落，于我心亦何相关？"先生曰："你未看此花时，此花与汝心同归于寂。你来看此花时，则此花颜色一时明白起来。便知此花不在你心外。"④

就是说，作为本然存在的花自开自落与主体无关，所以"同归于寂"；但花究竟以何种样式呈现出来，则与心体有关了：花的颜色是否鲜艳美丽，已涉及花的审美形式，而这只对具有审美能力的主体来说才有意义。换言之，陆王就是认为事物的价值属性离不开主体，是由主体自身创造产生的，因此，作为主体存在的人具有无限自由性，从而具备自由自觉践履德行的能力："尔那一点良知，是尔自家底准则。尔意念着处，他是便知是，非便知非，更瞒他一些不得。尔只不要欺他，实实落落依着他做去，善便存，恶便去。"⑤

德性作为人自由自觉践履德行的品格，始终都透露出一种实践精神，不仅要求人知善知恶，更要求人为善去恶。程朱理学与陆王心学也都强调从具体的道德实践活动中培养人的道德品质，王阳明甚至提出"知行合一"的思想。但从整体上看，他们更重视道德知识的学习和明觉，无论朱熹的"格物致知"还是王阳明的"致良知"，落足点都在知上。这就很难保证人能够从知善知恶走向为善去恶。正如刘宗周所说：

---

① 陆九渊：《象山语录　阳明传习录》，杨国荣导读，第49页，上海古籍出版社2000年版。
② 陆九渊：《象山语录　阳明传习录》，杨国荣导读，第44页，上海古籍出版社2000年版。
③ 王阳明：《象山语录　阳明传习录》，杨国荣导读，第276页，上海古籍出版社2000年版。
④ 王阳明：《象山语录　阳明传习录》，杨国荣导读，第279-280页，上海古籍出版社2000年版。
⑤ 王阳明：《象山语录　阳明传习录》，杨国荣导读，第264页，上海古籍出版社2000年版。

> 只因阳明将意字认坏，故不得不进而求良于知。仍将知字认粗，又不得不退而求精于心，种种矛盾，固已不待龙溪驳正，而知其非《大学》之本旨矣。①

就是说，"求良于知"本身就错了，因为知并不能成为道德意志。基于此，刘宗周提出一套不同于天理、良知的意志哲学。他不赞同程朱、陆王把"意"仅理解成"心之所发"的看法："意者，心之所存，非所发也。朱子以所发训意，非是。"②"心之所存"与"心之所发"究竟有什么区别呢？"所发"往往以心为主，而心在程朱那里为性，王阳明则理解为良知，因此，"意"只是性或良知的经验表现，甚至是管制的对象，从而不具有独立的价值。"所存"则直接以"意"作为心体，或者说，是心之所以为心最本始的存在："而意者，心之所以为心也。"③但刘宗周又认为作为"心之所存"的"意"不同于通常时有时无的意念，它具有好善恶恶的主宰性："《传》曰：'如恶恶臭，如好好色。'言自中之好恶一于善而不二于恶。一于善而不二于恶，正见此心之存主有善而无恶也。"④意思是说，"意"是人心本有的好善恶恶的价值取向，是心中意念发生所依据的最初意向。在某种意义上，"意"也就是绝对永恒的道德本体。刘宗周与弟子这段对话说明了这一点：

> 又问："一念不起时，意在何处？"先生曰："一念不起时，意恰在正当处也。念有起灭，意无起灭也……"又问："事过应寂后，意归何处？"先生曰："意渊然在中，动而未尝动，所以静而未尝静也……"⑤

他认为，不管意念是否起，"意"永远处在中正之位，无动静、无生灭、无来去，这表明以"意"为一切价值活动的本体。但这不代表"意"与意念分割为两种事物，在本质上两者又是直接统一的，唯有如此才能保证"意"能直接推动"如恶恶臭，如好好色"般的德性实践活动：

> 一性也，自理而言，则曰仁义礼智；自气而言，则曰喜怒哀乐。

---

① 刘宗周：《良知说》，见《刘宗周全集》（第二册），吴光主编，第318页，浙江古籍出版社2007年版。

② 刘宗周：《学言上》，见《刘宗周全集》（第二册），吴光主编，第390页，浙江古籍出版社2007年版。

③ 刘宗周：《商疑十则，答史子复》，见《刘宗周全集》（第二册），吴光主编，第341页，浙江古籍出版社2007年版。

④ 刘宗周：《学言上》，见《刘宗周全集》（第二册），吴光主编，第390页，浙江古籍出版社2007年版。

⑤ 黄宗羲：《戴山学案》，见《明儒学案》卷六十二，第1555页，中华书局1985年版。

一理也，自性而言，则曰仁义礼智；自心而言，则曰喜怒哀乐。[①]

作为气的喜怒哀乐与作为性的仁义礼智仅是一物两名，非有前后际的差别。更进一步说，"意"仅是情感意念交互运动变化中显现出来的一种不变的价值秩序，因此，离开变化的意念也就无所谓"意"体。这实际上就是承认人的情感需要内存有普遍的价值理性，它具备推动德性主体积极践履德行的内在动力。

二、性情关系

性情关系是德性形上学的基本问题。从词源角度看，性之本字为生，原指生而即有的各种欲望和能力；情则衍生于性，是指人性感外物而有的欲望和要求。随着中国哲学的发展，性表征的内涵越来越获得超越意义，如《中庸》说"天命之谓性，率性之谓道"。[②] 这就把性与天命连接了起来，从而为性拓展出超越本能的形上韵味。孟子"性善论"中的"恻隐之心""辞让之心""是非之心""羞恶之心"就是沿着这条思路产生的，即认为人不仅有来自本能的生命之情，而且有超越生命本能的道德之性。这就形成了性与情的矛盾关系，于是在两者之间就产生了谁主谁次、是分是合等问题。不同的回答代表着德性形上学的不同性质。

在原始儒学思想中，性情关系基本保持一致，既肯定性对人的价值本体地位，也认可人的现实情感需要。但自佛学传入开始，原始儒学的这种基本价值取向逐渐被打破，许多儒家学者在吸收了佛学"情恶"论的前提下，也开始割裂性情之间的内在联系，转而主张"性善情恶"论，如唐代思想家李翱。但德性离开人情感需要的支撑是无法形成的。因此，宋明理学家不得不重建符合儒家德性发展需要的性情关系。理学开创者周敦颐首开其论。他继承《中庸》的"唯天下至诚，为能尽其性"和"喜怒哀乐之未发，谓之中；发而皆中节，谓之和"[③] 的思想，以"诚"和"中"来论人性。在他看来，"诚"即人所受于天的本然之性，纯粹至善，是一切道德的本原。他说："诚者，圣人之本。'大哉乾元，万物资始'，诚之源也。'乾道变化，各正性命'，诚斯立焉。纯粹至善者也。"[④] "诚"即人物所受于乾元的本然之性，它是"寂然不动"、纯粹至善的，未有善恶与之对立。他又说："诚无为，几善恶。"[⑤] "几"

---

① 黄宗羲：《蕺山学案》，见《明儒学案》卷六十二，第 1519 页，中华书局 1985 年版。

② 《中庸》，见《图解四书五经》，崇贤书院释译，第 12 页，黄山书社 2016 年版。

③ 《中庸》，见《图解四书五经》，崇贤书院释译，第 12 页，黄山书社 2016 年版。

④ 周敦颐：《诚上第一》，见《周子通书》，徐洪兴导读，第 31 页，上海古籍出版社 2000 年版。

⑤ 周敦颐：《诚上第二》，见《周子通书》，徐洪兴导读，第 32 页，上海古籍出版社 2000 年版。

是意念初动，方动便失去了本然的状态，而有善有恶了。但周敦颐在《通书》中还有一套人性思想。他说：

> 性者，刚柔善恶中而已矣。①

又说：

> 惟中也者，和也，中节也，天下之达道也，圣人之事也。故圣人
> 立教，俾人自易其恶，自至其中而止矣。②

即认为，人性先天地有刚有柔、有善有恶，唯有通过教化才能使人自易其恶而至于"中"。可见，周敦颐人性思想具有二元论倾向：一方面承认人具有先验的道德本性，一方面又强调人性经验层面的善恶相杂现象。张载则用"天地之性"与"气质之性"统摄了周敦颐的性二元论。他把性分为纯善的"天地之性"与善恶相混的"气质之性"两种。一方面，他认为人与天地万物存有共同的"天地之性"："性者万物之一源，非有我之得私也。"③ 另一方面，他又指出，除有着与天地万物共同之性外，事物还有着类本性及各自的特殊本性。它来源于后天所禀之气，故称之为"气质之性"："人之刚柔、缓急、有才与不才，气之偏也。"④ 在张载看来，两者并不是独立自存的实体，而是一种本体与现象、一般与个别的关系，"天性在人，正犹水性之在冰，凝释虽异，为物一也"。⑤ 而万物之性则是作为本体的抽象的"天地之性"与作为现象的具体的"气质之性"的统一。朱熹进一步从理气角度建构"天地之性"与"气质之性"的关系。他认为，如同气从理生、理气相依关系一样，"气质之性"从"天地之性"而生，又与"天地之性"相合共为万物之性。他说：

> 论天地之性，则专指理言；论气质之性，则以理与气杂而言之。
> 未有此气，已有此性。气有不存，而性却常在。⑥

又说：

> 性非气质，则无所寄；气非天性，则无所成。⑦

---

① 周敦颐：《师第七》，见《周子通书》，徐洪兴导读，第34页，上海古籍出版社2000年版。
② 周敦颐：《师第七》，见《周子通书》，徐洪兴导读，第34页，上海古籍出版社2000年版。
③ 张载：《正蒙·诚明篇》，见《张载集》，章锡琛点校，第21页，中华书局1978年版。
④ 张载：《正蒙·诚明篇》，见《张载集》，章锡琛点校，第23页，中华书局1978年版。
⑤ 张载：《正蒙·诚明篇》，见《张载集》，章锡琛点校，第22页，中华书局1978年版。
⑥ 朱熹：《性理一》，见《朱子语类》（第一册），黎靖德编，杨绳其、周娴君校点，第61页，岳麓书社1997年版。
⑦ 朱熹：《性理一》，见《朱子语类》（第一册），黎靖德编，杨绳其、周娴君校点，第61页，岳麓书社1997年版。

就是说，"天地之性"从理而出，是纯然至善；"气质之性"从气禀而来，所以有清浊、精粗之别，但其中依然包含"天地之性"。就具体事物而言，必然同具"天地之性"与"气质之性"。朱熹还用气禀来说明个人善恶的差异：

> 禀其清明之气，而无物欲之累，则为圣；禀其清明而未纯全，则未免微有物欲之累，而能克以去之，则为贤；禀其昏浊之气，又为物欲之所蔽而不能去，则为愚、为不肖。是皆气禀物欲之所为，而性之善未尝不同也。①

在这里，朱熹将"气质之性"分为清明与混浊两种，并分别代表着天理与物欲。而气质一般都被当作构成事物形体的材料，那么，所谓"气质之性"其实就指人因形体而具有的各种生理需要。因此，朱熹承认"气质之性"部分包含天理，也就意味着部分认可人生理需要的合理性。这就从形而上学角度驳斥了一些儒家学者的"性善情恶"论思想。表现在性情关系上，朱熹系统阐述了最早由张载明确提出的"心统性情"的思想。在他看来，心是包含性与情的精神主体：

> 盖心之未动则为性，已动则为情，所谓"心统性情"也。②

又说：

> 性者，心之理；情者，性之动；心者，性情之主。③

这就通过心这一主宰把性情统合了起来，或者说，性情原本都是人之本性：区别只在"未发"与"已发"。作为"未发"之性禀乎天理，自然纯粹至善；而"已发"之情虽与外物接触可能出现善恶的差异，但就其本质来说还是善。如朱熹说：

> 推而言之，至以天理人欲为同体，特因其发之中节与否，而后有善恶之名焉。④

这就充分肯定了情感需要的本然价值。因此，朱熹反对"情恶"论，而仅主张用性节制情的观点："孟子谓情可以为善，是说那情之正，从性中流出来

---

① 朱熹：《玉山讲义》，见《朱文公文集》卷七十四，四部丛刊本。

② 朱熹：《性理二》，见《朱子语类》（第一册），黎靖德编，杨绳其、周娴君校点，第85页，岳麓书社1997年版。

③ 朱熹：《性理二》，见《朱子语类》（第一册），黎靖德编，杨绳其、周娴君校点，第81页，岳麓书社1997年版。

④ 朱熹：《四书或问》，黄坤校点，第441页，上海古籍出版社、安徽教育出版社2001年版。

者，元无不好也。"① 反之，不从性中流露出来的情就是恶了。

如果说，程朱理学是通过预设一个先验的道德本体——"天地之性"，再以体用关系来论证人情感存在的合理性的话，那么陆王心学则直接以心的实然状态融合了性情之间的差别。陆九渊就反对朱熹对心、性、情的分别，认为：

> 且如情、性、心、才，都只是一般物事，言偶不同耳……若必欲说时，则在天者为性，在人者为心。此盖随吾友而言，其实不须如此。②

心、性、情实无区别，不过名词不同而已。王阳明则直接统摄了"未发"与"已发"之间的区别：

> 未发在已发之中，而已发之中未尝别有未发者在；已发在未发之中，而未发之中未尝别有已发者存。③

"未发"在"已发"中，不是说"已发"中别有一个"未发"存在，"未发"即是"已发"，反之亦然。甚至一直作为程朱理学价值本体论最基本架构的体用关系也被陆王直接融合："心不可以动静为体用。动静，时也，即体而言用在体，即用而言体在用，是谓体用一源。"④ 这种合二为一的思维取向，不仅表达了陆王心学本体与现象不即不离的关系，而且也展露了其力图取消动静、体用、内外两分的意向。它带来的理论结果是把原先始终处在"幕后"的道德本体直接置于"台前"，成为现实人心，或者说，人心即"道心"，顺心而发皆为天理："万物森然于方寸之间，满心而发，充塞宇宙，无非此理。"⑤ 而心之所发无非都是人的意念情感，这就充分认可了人的情感价值的合理性，如王阳明说：

> 喜怒哀惧爱恶欲，谓之七情……七情顺其自然之流行，皆是良知之用，不可分别善恶，但不可有所着；七情有着，俱谓之欲，俱为良知之蔽；然才有着时，良知亦自会觉，觉即蔽去，复其体矣！⑥

为何原本作为自然的"七情"一着"意"就由天理转变成人欲呢？在王阳明

---

① 朱熹：《性理二》，见《朱子语类》（第一册），黎靖德编，杨绳其、周娴君校点，第85页，岳麓书社1997年版。
② 陆九渊：《象山语录　阳明传习录》，杨国荣导读，第72页，上海古籍出版社2000年版。
③ 王阳明：《象山语录　阳明传习录》，杨国荣导读，第233页，上海古籍出版社2000年版。
④ 王阳明：《象山语录　阳明传习录》，杨国荣导读，第199-200页，上海古籍出版社2000年版。
⑤ 陆九渊：《象山语录　阳明传习录》，杨国荣导读，第49页，上海古籍出版社2000年版。
⑥ 王阳明：《象山语录　阳明传习录》，杨国荣导读，第283页，上海古籍出版社2000年版。

看来，良知是能够"生天生地，成鬼成帝"①的绝对精神主体，"真是与物无对"，②而人一着"意"就把它从这种绝对无限状态，转变成具体有限的物体了，那么良知也就成为人欲。这就把情感视为人的本然存在的目的形式，不可工具化。这种思想后来被刘宗周充分发展。他说：

> 仁义礼智信，皆生而有之，所谓性也。乃所以为善也，指情言性，非因情见性也；即心言性，非离心言善也。③

就是说，情即性，真实的情感就是人的道德本性。这就彻底取消了程朱理学对性情所做的体用、"先发"与"已发"的分别，直接融合了性情。它标志着儒家性情论一个阶段的结束。

三、"德性之知"与"见闻之知"

在宋明理学家中，张载首先对智识作出了"德性之知"与"见闻之知"的划分，并详细探讨了两者的关系。他说：

> 天大无外，故有外之心不足以合天心。见闻之知，乃物交而知，非德性所知；德性所知，不萌于见闻。④

"德性之知"就是指能体天下万物的无限之智，"见闻之知"则是人通过感官与外物接触而生的有限之知；并且，"德性之知"不来源于"见闻之知"。在张载看来，这是由两种知识的性质所决定的：

> 尽天下之物，且未须道穷理，只是人寻常据所闻，有拘管局杀心，便以此为心，如此则耳目安能尽天下之物？⑤

就是说，"德性之知"是一种无所不知的知，而"见闻之知"永远是有限之知，所以仅仅通过累加有限的"见闻之知"是无法达到无所不知的"德性之知"的。但张载又认为："闻见不足以尽物，然又须要他。耳目不得则是木石，要他便合得内外之道。若不闻不见又何验？"⑥也就是说，"见闻之知"虽有局限，但毕竟只有依靠它才可以认识"内外之道"——向内识性、向外识道，因此就不能完全否定它的作用。

---

① 王阳明：《象山语录　阳明传习录》，杨国荣导读，第 276 页，上海古籍出版社 2000 年版。
② 王阳明：《象山语录　阳明传习录》，杨国荣导读，第 276 页，上海古籍出版社 2000 年版。
③ 黄宗羲：《蕺山学案》，见《明儒学案》卷六十二，沈芝盈点校，第 1538 页，中华书局 1985 年版。
④ 张载：《正蒙·大心篇》，见《张载集》，章锡琛点校，第 24 页，中华书局 1978 年版。
⑤ 张载：《张子语录上》，见《张载集》，章锡琛点校，第 311 页，中华书局 1978 年版。
⑥ 张载：《张子语录上》，见《张载集》，章锡琛点校，第 313 页，中华书局 1978 年版。

很明显，张载的论述自相矛盾，因此，他为后来的德智关系讨论确立了两种方向：一是"德性之知"需要"见闻之知"，一是"德性之知"不需要"见闻之知"。前者演化成程朱理学的德智观，后者则成为陆王心学的德智观。

程颐同样看到了"德性之知"与"见闻之知"的本质区别，肯定"见闻之知，非德性之知"。[①] 但他又认为，形成"德性之知"必须建立在"见闻之知"的基础上。他的学生问："格物是外物，是性分中物？"程颐回答："不拘。凡眼前无非是物，物物皆有理。"就是说"格物"需遍求诸物，不可分内外之别。又问："只穷一物，见此一物，还便见得诸理否？"回答："须是遍求。虽颜子亦只闻一知十，若到后来达理了，虽亿万亦可通。"[②] 这说明只有长期积累"见闻之知"才能逐步达到"德性之知"。朱熹基本按照程颐的路线，继续阐述"德性之知"与"见闻之知"的关系。在解释《大学》"格物致知"章中，朱熹道：

> 所谓致知在格物者，言欲致吾之知，在即物而穷其理也。盖人心之灵莫不有知，而天下之物莫不有理，惟于理有未穷，故其知有不尽也。是以《大学》始教，必使学者即凡天下之物，莫不因其已知之理而益穷之，以求至乎其极。至于用力之久，而一旦豁然贯通焉，则众物之表里精粗无不到，而吾心之全体大用无不明矣。[③]

在朱熹看来，"德性之知"就是"见闻之知"的积累与最终的豁然贯通。当然，程朱这种"德性之知萌于见闻"的观点，并没有真正地认可"见闻之知"的基础地位。因为，在他们看来，"德性之知"是一种先验之知，所以对"见闻之知"的累积也只是用来启发出这种本有的先验之知，即把"见闻之知"通过类比、投射转换成"德性之知"。这与后期儒家学者通过对"见闻之知"的累积来达到"德性之知"的认识不同。

与程朱不同，陆王不相信通过有限的"见闻之知"的累加就可以获得无限的"德性之知"。在他们看来，"见闻之知"都属于变化不定、因时而宜的感性现象，而"德性之知"则是能生天生地的绝对本体。因此，从逻辑上看，"德性之知"先于"见闻之知"，或者说"德性之知"是"见闻之知"得以产生的前提和本质依据，如果没有"德性之知"也就无所谓"见闻之知"。如王阳明说：

---

① 程颢、程颐：《河南程氏遗书》卷二十五，见《二程集》（第一册），第317页，中华书局1981年版。

② 程颢、程颐：《河南程氏遗书》卷十九，见《二程集》（第一册），第247页，中华书局1981年版。

③ 朱熹：《大学章句》，见《儒学精华》（上），张立文主编，第71页，北京出版社1996年版。

> 若主意头脑专以致良知为事，则凡多闻多见，莫非致良知之功。
> 盖日用之间，见闻酬酢，虽千头万绪，莫非良知之发用流行。①

因此，在认知方法上，陆九渊提倡所谓"简易"工夫。它主要包含两方面的内容。一是与辨析相对的"石称丈量"。陆九渊说：

> 急于辨析，是学者大病。虽若详明，不知其累我多矣。石称丈量，径而寡失；铢铢而称，至石必谬；寸寸而度，至丈必差。②

所谓辨析，即朱熹所主张的于事事物物求其理的铢分毫析方法；称"丈量"，则是不经过分析直接从整体上把握世界本质的方法。陆九渊以后者否定前者，就表明他不愿意把"德性之知"建立在"见闻之知"的基础上。二是"直指本心"的原则："不专论事论末，专就心上说。"③ 它表示"德性之知"既然作为绝对普遍之知，必然遍存一切事物之中，那么与其向外求，不如反省自家本心，祛除一切私心障蔽，就可以使"德性之知"自然呈现出来。王阳明在这条路线上走得更彻底。在解释"格物"一词意思时，他说：

> 格物，如《孟子》"大人格君心"之"格"，是去其心之不正，以全其本体之正。但意念所在，即要去其不正以全其正，即无时无处不是存天理，即是穷理。天理即是"明德"，穷理即是"明明德"。④

就是说，"格物"只是去人之妄念，而不是即物穷理。进而，王阳明彻底否定外在事理的客观性："心即理也。天下又有心外之事，心外之理乎？"⑤ 这都明证了他的"德性之知"不萌于"见闻之知"的观点。宋明理学家把人类的智识划分为"见闻之知"与"德性之知"，从而深化了传统儒家德智关系的内涵。程朱理学在一定意义上肯定了"见闻之知"的地位，认为"德性之知"只有通过它的累积才能逐渐形成，这无疑看到了外在的客观知识对人德性培养的积极作用。但简单地把"见闻之知"等同于"德性之知"，又不可避免地混淆了德与智的本质区别。陆王心学不承认乃至从根本上否定了"见闻之知"的独立合法地位，无疑捍卫了"德性之知"的尊严与地位。在他们看来，"德性之知"既然作为一种全体大用之知，本身就说明了它与有限的"见闻之知"是两种性质相异的知识体系，那么力求通过累积"见闻之知"来达到"德性之知"，结果必然是南辕北辙。因此，他们提倡通过对内在人性及宇宙整体的

---

① 王阳明：《象山语录　阳明传习录》，杨国荣导读，第 240 页，上海古籍出版社 2000 年版。
② 陆九渊：《陆九渊集》，钟哲点校，第 140 页，中华书局 1980 年版。
③ 陆九渊：《陆九渊集》，钟哲点校，第 469 页，中华书局 1980 年版。
④ 王阳明：《象山语录　阳明传习录》，杨国荣导读，第 173 页，上海古籍出版社 2000 年版。
⑤ 王阳明：《象山语录　阳明传习录》，杨国荣导读，第 168 页，上海古籍出版社 2000 年版。

直觉顿悟来获取"德性之知"，从而放弃了积累"见闻之知"的要求与努力。这最终又使他们的"德性之知"流于空洞神秘，不仅没有真正体验到"德性之知"的至善至美，反而在过分的自信中迷失了德性的方向。这就昭示了后来的儒家学者只能走两派的综合道路，才能真正解决德与智的关系。高攀龙指出，圣人之所以有大善大德，就在于入于闻见而又出于闻见，"圣人不任闻见，不废闻见，不任不废之间，天下至妙存焉"。① 他认为，作为道之表征的"德性之知"既然体现在人类的一切活动中，那么"闻见"作为人的一种普通活动岂不也蕴含了"德性之知"，因此，只要切己反思"见闻之知"，自能体认出全体大用的"德性之知"，如其言："所谓穷至事物之理者，穷究到极处，即本之所在也，即至善之所在也。"② 这种认识充分表达了高攀龙力图综合统一"德性之知"与"见闻之知"。刘宗周也说：

> 盖良知与闻见之知，总是一知，良知何尝离得闻见？闻见何尝遗得心灵？水穷山尽，都到这里。③

何以然？刘宗周释道：

> 盈天地间一气而已矣，气聚而有形，形载而有质，质具而有体，体列而有官，官呈而性著焉，于是有仁义礼智之名。④

就是说，气聚而为形质，有形质则有身体有器官，性就是这些感官功能的综合，仁义礼智则是这种综合的产物。这可能是宋明理学对"德性之知"与"见闻之知"关系所能达到的最高理解。

第六节　儒家德性思想的自我反思与转型

自宋明开始，儒家德性思想虽逐步成熟完备，但其间也出现了与之相背的"异端"启蒙思潮，如南宋时期以陈亮、叶适为代表的事功学派，明代气论学派，清初的颜李学派，等等。他们都企图建构一套与正统儒学相异的学说，因此在德性问题上的思考展现出了迥异的风格。我们既可把他们的思想视为儒家

---

① 高攀龙：《阳明说辨》，见《高子遗书》卷九，文渊阁四库全书本。
② 高攀龙：《阳明说辨》，见《高子遗书》卷九，文渊阁四库全书本。
③ 黄宗羲：《蕺山学案》，见《明儒学案》卷六十二，沈芝盈点校，第 1534 页，中华书局 1985 年版。
④ 黄宗羲：《蕺山学案》，见《明儒学案》卷六十二，沈芝盈点校，第 1566 页，中华书局 1985 年版。

德性思想的承继，也可当作儒家德性思想向近现代社会转型的开始。对此，我们可从以下几个方面加以理解。

一、德性形上学的消解

传统儒学的德性形上学基本都是从天道直贯下来的，如先秦儒学的道器论及宋明理学的理气论等。首先确立一个绝对先验的始基，然后以生与被生的关系把先验本体与经验世界联系起来，并指出以先验本体为代表的"天命""天则"是支撑世界的终极法则，也是人安身立命的最终依据。这种德性形上学很容易为人提供一套具有绝对权威性的价值信念，对维护德性价值的普遍性和尊严具有积极意义。但过分超越性的表现，也使它极易脱离人性的实际需要，成为阻碍人性正常发展的"理障"，比如戴震揭露的"以理杀人"现象。因此，宋明清"异端"思潮都积极地解构这种德性形上学。陈亮说：

> 人只是这个人，气只是这个气，才只是这个才。譬之金银铜铁只是金银铜铁，炼有多少则器有精粗，岂有其于本质之外，换出一般，以为绝世之美器哉！①

他明确反对从现实具体事物之外来构建普遍绝对的一般之理。明儒罗钦顺说："盖通天地，亘古今，无非一气而已。"② 他又说："是即所谓理也。初非别有一物，依于气而立，附于气以行也。"③ 理在气先是宋明理学德性形上学的基本原则。但罗钦顺却认为，理不是一种单独存在物，而仅是表现在气化流行过程中的规律。基于此，他重新诠释了一直为宋明理学家津津乐道的"理一分殊"命题。他说：

> 盖人物之生，受气之初，其理惟一，成形之后，其分则殊。其分之殊，莫非自然之理，其理之一，常在分殊之中。此所以为性命之妙也。④

在宋明理学家那里，"理一分殊"的落足点主要在"理一"，所谓"分殊"只不过是同一个理在不同情境下的呈现。而罗钦顺却从个别与一般的辩证关系角度来理解"理一分殊"，落足点放置在"分殊"，所谓"理一"则是蕴含在具体事物当中的抽象的普遍本质。这就充分肯定了具体事物独立的存在价值。如他说：

---

① 陈亮：《又乙巳春书之一》，见《陈亮集》卷二十，第288页，中华书局1974年版。
② 罗钦顺：《困知记·卷上》，见《困知记全译》，阎韬译注，第242页，巴蜀书社2000年版。
③ 罗钦顺：《困知记·卷上》，见《困知记全译》，阎韬译注，第242页，巴蜀书社2000年版。
④ 罗钦顺：《困知记·卷上》，见《困知记全译》，阎韬译注，第245页，巴蜀书社2000年版。

> 气聚而生，形而为有，有此物即有此理。气散而死，终归于无，无此物即无此理，安得所谓"死而不亡者"耶！若夫天地之运，万古如一，又何死生存亡之有？①

理因物而有，离物则无理，因此具体事物相对抽象的普遍之理具有本然的价值。明代气论学派的代表者王廷相则进一步取消了普遍之理的存在。他说：

> 儒者曰："太极散而为万物，万物各具一太极。"斯言误矣。何也？元气化为万物，万物各受元气而生，有美恶有偏全，或人或物，或大或小，万万不齐，谓之各得太极一气则可，谓之各具一太极则不可。太极元气混全之称，万物不过各具一支耳。②

太极是气的总和，而万物只是气的一部分，因此不能说万物皆有太极，而应说万物因分有相互差异的气而具有不同的本质。退一步说，即便事物原初是相同的，但因为由不断生灭变化的气组成，事物彼此的性质也会在未来的发展中产生差异：

> 或谓"气有变，道一而不变"，是道自道，气自气，歧然二物，非一贯之妙也。道莫大于天地之化……草木昆虫有荣枯生化，群然变而不常矣，况人事之盛衰得丧，杳无定端，乃谓道一而不变得乎？③

道因气而有，而气又总是生灭变化的，因此作为气中之道必然也随之变化，不存有所谓绝对永恒的道。王夫之据此提出"气化日新"的思想。他说：

> 天地之德不易，而天地之化日新。今日之风雷，非昨日之风雷，是以知今日之日月，非昨日之日月也……抑以知今日之官骸，非昨日之官骸。视听同喻，触觉同知耳；皆以其德之不易者，类聚而化相符也。④

天地生灭变化是天地永恒的品质，因此由天地生灭变化而来的万事万物其实也是处于不断"日新"的状态；至于能够形成相对一致的认识和理解，主要是由于共同的社会生活所赋予的。人性作为人的根本品质自然也逃脱不了这种"日新"的宿命。王夫之说：

---

① 罗钦顺：《困知记·卷下》，见《困知记全译》，阎韬译注，第268页，巴蜀书社2000年版。

② 黄宗羲：《诸儒学案中四》，见《明儒学案》卷五十，沈芝盈点校，第1178页，中华书局1985年版。

③ 黄宗羲：《诸儒学案中四》，见《明儒学案》卷五十，沈芝盈点校，第1177页，中华书局1985年版。

④ 王夫之：《船山思问录》，严寿澂导读，第63页，上海古籍出版社2000年版。

> 夫性者生理也，日生则日成也。则夫天命者，岂但初生之顷命之
> 哉？但初生之顷命之，是持一物而予之于一日，俾牢持终身以不失，
> 天且有心以劳劳于给与；而人之受之，一受其成形而无可损益矣。①

就是说，性即气化之理，气不断地变化，理也随之变化，人的身心各方面也皆顺宇宙大化而日非其故，所以人性也不是一成不变的，可日生日成。可见，王夫之反对将人性视为生而完具的看法，而将其气化日新的观念引入了人性论，认为人性是无时无刻不在改变创新之中。他的这种人性思想，不仅否定了自先秦儒学开始就一直提倡的形而上学人性论，也开始把人性问题逐渐引向社会历史领域。清儒戴震也认为人性本源于阴阳五行之气：

> 言分于阴阳五行以有人物，而人物各限于所分以成其性。阴阳五
> 行，道之实体也；血气心知，性之实体也。有实体，故可分；惟分
> 也，故不齐。古人言性惟本于天道如是。②

性虽都来源于气，但由于不同物种分有的气存有"偏全、厚薄、清浊、昏明之不齐"，③ 故具有不同的性。但就同一种属来看，性基本是相同的：

> 然性虽不同，大致以类为之区别，故《论语》曰"性相近也"，
> 此就人与人相近言之也。④

在戴震看来，人性的这种相似性主要表现在"血气心知"方面，即共同的感性需要和分辨利害的判断理性，如他说："血气心知，有自具之能：口能辨味，耳能辨声，目能辨色，心能辨夫理义。"⑤ 它们之间的关系也是紧密相连的：无感性需要，也就无所谓理义之道；无理义之道，人的感性追求必然放僻淫侠。他又说：

> 由血气之自然，而审察之以知其必然，是之谓理义；自然之与必
> 然，非二事也。就其自然，明之尽而无几微之失焉，是其必然也。如
> 是而后无憾，如是而后安，是乃自然之极则。若任其自然而流于失，

---

① 王夫之：《太甲二》，见《尚书引义》卷三，第 63 页，中华书局 1976 年版。
② 戴震：《孟子字义疏证·天道》，见《儒学精华》（下），张立文主编，第 2296 页，北京出版社 1996 年版。
③ 戴震：《孟子字义疏证·天道》，见《儒学精华》（下），张立文主编，第 2298 页，北京出版社 1996 年版。
④ 戴震：《孟子字义疏证·理》，见《儒学精华》（下），张立文主编，第 2286 页，北京出版社 1996 年版。
⑤ 戴震：《孟子字义疏证·理》，见《儒学精华》（下），张立文主编，第 2295 页，北京出版社 1996 年版。

转丧其自然，而非自然也；故归于必然，适完其自然。①

这说明人性之自然乃社会化的自然，而人只有在社会当中才能满足各自自然的需要。为此，人在争夺自然需要满足的同时，必须遵循一定的社会道德法则："人则能扩充其，此可以明仁义礼智，非他，不过怀生畏死、饮食男女。"② 而人之所以能够以这种方式存在，并不在于这些道德规范先天地就存在于人性当中，而是因为人有动物无法比拟的认知能力：

自古及今，统人与百物之性以为言，气类各殊是也。专言血气之伦，不独气类各殊，而知觉亦殊。人以有礼义异于禽兽，实人之知觉大远乎物，则然此。③

这种知使人能够分辨利害得失，从而产生相互制约的道德规范。正因此，他把判断行为适宜与否的标准定格为人心之同然：

理也者，情之不爽失也；未有情不得而理得者也。凡有所施于人，反躬而静思之："人以此施于我，能受之乎？"凡有所责于人，反躬而静思之："人以此责于我，能尽之乎？"以我絜之人，则理明。④

所谓心之同然其实就是通过理性反思而达到对道德规范普遍平等性特征的理解；它要求人不能只以个人利害得失来评价行为的优劣，而应以相互的利害关系作为标准，因为每个人都有基本的道德认知能力。

二、从天理到人欲的转变

"存天理，灭人欲"是宋明理学最核心的道德命题。它反映了理学家排斥人欲的一贯作风。但人毕竟不纯粹是一种道德存在的生物，也必然包含与生俱来的本能欲望。那么究竟人欲应该无条件服从道德，还是道德更应该服务于人欲的满足，这个问题早在陈亮与朱熹争论"王霸义利"问题时就已非常鲜明地浮现出来。陈亮说：

---

① 戴震：《孟子字义疏证·理》，见《儒学精华》（下），张立文主编，第 2295 页，北京出版社1996 年版。

② 戴震：《孟子字义疏证·性》，见《儒学精华》（下），张立文主编，第 2300-2301 页，北京出版社 1996 年版。

③ 戴震：《孟子字义疏证·性》，见《儒学精华》（下），张立文主编，第 2299 页，北京出版社1996 年版。

④ 戴震：《孟子字义疏证·理》，见《儒学精华》（下），张立文主编，第 2284 页，北京出版社1996 年版。

> 耳之于声也，目之于色也，鼻之于臭也，口之于味也，四肢之于
> 安佚也，性也，有命焉。出于性，则人之所同欲也；委于命，则必有
> 制之者而不可违也。①

就是说，物质欲望是人的自然本性，它是人所共有不可违背的，因而也可叫作
"命"。但陈亮虽以利欲为天性，承认物质生活追求的合理性，但他并没有直
接以利欲否定义理，而是主张"王霸可以杂用，则天理人欲可以并行矣"。②
从这看，陈亮的理欲观具有过渡性质。明代哲学家罗钦顺则更进了一步。
他说：

> 夫性必有欲，非人也，天也。既曰天矣，其可去乎？欲之有节无
> 节，非天也，人也。既曰人矣，其可纵乎？君子必慎其独，为是
> 故也。③

罗钦顺认为，人的欲望是人性固有的，非人力所能取消；如果硬要人们去掉欲
望，那就违反了自然法则。同时他又主张对欲望加以适当的节制，而不能放纵
欲望。并且，他还说："欲未可谓之恶，其为善为恶，系于有节与无节尔。"④
这就取消了正统儒学家视人欲为恶的先验价值判断，把人欲看作中性存在的事
物，至于究竟是善是恶则取决于后天"有节"与"无节"，这无疑是中国传统
理欲观的一个重大进步。但由于未能彻底摆脱"性体情用"思维的干扰，罗
钦顺依然主张以性制情，从而使性与情相比始终处于价值优位。针对这种情
况，明代气论学派思想家吴廷翰从"性气一物"的自然观出发，提出了"性
无内外"的观点。他说：

> 道无内外，故性亦无内外。言性者专内而遗外，皆不达一本者
> 也……以性本天理而无人欲，是性为有外矣。何也？以为人欲交于物
> 而生于外也。然而内本无欲，物安从而交，又安从而生乎？⑤

他反对天理、人欲的区分，认为人欲与人性无所谓内外，性中有欲，欲中有
性。这不仅肯定了人欲的本然地位，也取消了理学家一贯主张的性优越于情的
价值序列安排。最终，明代最为"异端"的思想家李贽则大胆地提出"私者，
人之心也"的命题。他说：

---

① 陈亮：《问答下》，见《陈亮集》卷四，第40-41页，中华书局1974年版。
② 陈亮：《又丙午秋书》，见《陈亮集》卷二十，第295页，中华书局1974年版。
③ 罗钦顺：《困知记·三续》，见《困知记全译》，阎韬译注，第329页，巴蜀书社2000年版。
④ 罗钦顺：《困知记·卷上》，见《困知记全译》，阎韬译注，第246页，巴蜀书社2000年版。
⑤ 吴廷翰：《吉斋漫录·卷上》，见《吴廷翰集》，第31页，中华书局1984年版。

> 夫私者，人之心也。人必有私，而后其心乃见；若无私，则无心
> 矣……此自然之理，必至之符，非可以架空而臆说也。①

在他看来，追求私利是人的自然天性，虽圣人也不能无私利之心，人的道德行为都是以物质利益为转移的，"穿衣吃饭即是人伦物理。除却穿衣吃饭，无伦物矣"。② 更可贵的是，李贽取消了理学家对"至善"概念的设定，认为善恶必然互为一体：

> 善与恶对，犹阴与阳对，柔与刚对，男与女对。盖有两，则有
> 对。既有两矣，其势不得不立虚假之名以分别之，如张三、李四之类
> 是也。③

人之所以需要名言概念，是因为需要对相互分别的事物加以界定；而超越善恶对待的"至善"则毫无区分，所以也就不必要存有"至善"概念，或者说是纯粹的虚假概念。他说：

> 盖惟志于仁者，然后无恶之可名，此盖自善恶未分之前言之耳。
> 此时善且无有，何有于恶也邪！④

仁是儒家"至善"概念的代名词。但是李贽认为，仁之所以"无恶"并不因为是"至善"的，而仅由于当时善恶未分，故无所谓善恶。这就意味着任何善的行为必然包含恶的因素，或者说恶往往是成就善的必由途径。如在评价秦始皇废分封、置郡县的举措时，王夫之说：

> 秦以私天下之心而罢侯置守，而天假其私，以行其大公。存乎神
> 者之不测，有如是夫！⑤

他似乎隐约认识到恶也是推动历史发展的必然环节。王夫之更进一步认为，善恶都是历史性的价值范畴，无所谓永恒不变的"至善"。与追求空洞不实的"至善"相比，现实欲望的满足更显得真实和合乎情理。因此，所谓天理并不是绝对不可企及的对象，它就在每个人现实欲望的满足当中；能够满足每个人的欲望，天理也就实现了，而不是在灭绝人欲之外，存有什么"至善"不可企及的天理。在清儒戴震看来，道德原则的完美体现，并不在于净化人欲；相反，真正的道德境界总是能够遂欲达情："道德之盛，使人之欲无不遂，人之

---

① 李贽：《德业儒臣后论》，见《藏书》卷三十二，第 626 页，社会科学文献出版社 2000 年版。
② 李贽：《答邓石阳》，见《焚书》卷一，第 4 页，中华书局 1975 年版。
③ 李贽：《又答京友》，见《焚书》卷一，第 22 页，中华书局 1975 年版。
④ 李贽：《又答京友》，见《焚书》卷一，第 23 页，中华书局 1975 年版。
⑤ 王夫之：《秦始皇》，见《读通鉴论》（一），伊力译，第 4 页，团结出版社 2018 年版。

情无不达，斯已矣。"① 但这不意味着道德是个人欲望的放纵，而是要求人在满足自我欲望的同时，能够推己及人，遂己之欲也能遂人之欲："遂己之欲亦思遂人之欲，而仁不可胜用矣。"② 可见，欲望的追求不一定会带来冲突与灾难，它可以通过"以情絜情"的方式彼此沟通和协商来消解纷争，而所谓的道德理性即体现在这样的过程之中。这种价值取向的转变，意味着儒学的天理道德模式正式走向充满人间现实色彩的人欲之德。

三、由"德性之知"走向"见闻之知"

从根本上说，"德性之知"代表着对人性的自觉自知，是传统儒家治学修身的终极目标。但从宋明理学发展理路来看，一般都把"德性之知"作为本然的宇宙精神放置在人性当中，而"见闻之知"往往只起启发诱导的作用。因此，"德性之知"是宋明理学家阐释认知论的基点，无论朱熹的"格物致知"、王阳明的"致良知"，还是刘宗周"慎独"之学，都可清楚地反映这一点。但明清"异端"思想家却开始改变这种具有先验色彩的认知论。王廷相说：

> 圣贤之所以为知者，不过思虑见闻之会而已。世之儒者，乃曰思虑见闻为有知，不足为知之至，别出德性之知为无知，以为大知。嗟乎！其禅乎？不思甚矣。殊不知思与见闻，必由于吾心之神，此内外相须之自然也。③

这就把"见闻之知"视为人唯一的认知能力，而把被宋明理学家视作圭臬的"德性之知"斥为禅学"见心明性"之异种。但王廷相并没有完全否认道德理性的存在：

> 且夫仁义礼智，儒者之所谓性也。自今论之，如出于心之爱为仁，出于心之宜为义，出于心之敬为礼，出于心之知为智，皆人之知觉运动为之而后成也。④

可见，王廷相依然认可仁义礼智等道德理性的存在，只不过把它们建立在

---

① 戴震：《孟子字义疏证·才》，见《儒学精华》（下），张立文主编，第2308页，北京出版社1996年版。
② 戴震：《原善下》，见《戴震集》，第347页，北京古籍出版社1990年版。
③ 黄宗羲：《诸儒学案中四》，见《明儒学案》卷五十，沈芝盈点校，第1175页，中华书局1985年版。
④ 黄宗羲：《诸儒学案中四》，见《明儒学案》卷五十，沈芝盈点校，第1180页，中华书局1985年版。

"人之知觉运动"的基础上，或者说是人"见闻之知"逐步发展的一种产物。方以智则把人的认知分为"质测"与"通几"两种：前者代表对具体事物的认知，后者则相当于哲学之知或"德性之知"。他说：

> 考测天地之家，象数、律历、声音、医药之说，皆质之通者也，皆物理也。专言治教，则宰理也。专言通几，则所以为物之至理也。①

"考测天地之家"，即从事具体事物研究的学者，他们从事的工作是"质测"，而"质测"的对象是物理。"宰理"指社会人文之理，其实也从属于具体事物之理。"通几"即掌握"所以为物之至理"，也就是通晓具有普遍性质的哲学之理。关于"质测"与"通几"的关系，方以智说：

> 质测即藏通几者也。有竟扫质测而冒举通几以显其宥密之神者，其流遗物。②

作为具体的"质测"之理先天地就内含了"通几"之理，因此，若想达到对"通几"之理的理解就必须研究和积累"质测"之理。

> 言义理，言经济，言文章，言律历，言性命，言物理，各各专科。然物理在一切中，而易以象数端几格通之，即性命生死鬼神。只一大物理。③

可以看出，方以智把关涉"性命、生死、鬼神"等价值之理，当作实证的物理知识来研究。换言之，所谓价值之理只不过是各种具体物理的概括与总结，是作为普遍一般之理蕴含在具体物理之中。这基本就取消了传统儒学所提倡的"德性之知"的独立地位，而使其同化为"见闻之知"。王夫之也深入地探讨了"德性之知"与"见闻之知"的内涵与关系。在他看来，"德性之知"就是指：

> 循理而及其原，廓然于天地万物大始之理，乃吾所得于天而即所得以自喻者也。④

这个定义可分为两层含义：一是"德性之知"探索的对象是"天地万物大始之理"，是把握世界整体的哲学之知；二是它离不开具体事物之"理"，必须

---

① 方以智：《文章薪火》，见《通雅》，第52页，中国书店1990年版。
② 方以智：《物理小识·自序》，自序第1页，商务印书馆1937年版。
③ 方以智：《物理小识·总论》，第10页，商务印书馆1937年版。
④ 王夫之：《张子正蒙注卷四·大心篇》，见《张子正蒙注》，章锡琛校点，第104页，古籍出版社1956年版。

"循理而及其原"。因此，王夫之说：

> 仁智者，貌、言、视、听、思之和也。思不竭貌、言、视、听之
> 材而发生其仁智，则殆矣。①

即认为，"德性之知"就是对"见闻之知"的综合；并且，这种综合不是简单
的理性归纳，而是通过体察不同认识以达到一个整体的"和"的思维。另外，
王夫之又认为，"德性之知"与"见闻之知"虽然本质上是一体的，"虽愚不
肖，苟非二氏之徒愚于所不见，则于见闻之外，亦不昧其有理，人伦庶物之
中，亦不昧其有不可见之理而不可灭，此有无之一，庸之同于圣也"；② 但就
人的认识顺序来言，"见闻之知"一定在"德性之知"的前面：

> 既已为人，则感必因乎其类，目合于色，口合于食，苟非如二氏
> 之愚，欲闭内而灭外，使不得合，则虽圣人不能舍此而生其知觉，但
> 即此而得其理尔。③

可见，王夫之既把"见闻之知"当作"德性之知"产生的必要前提和基础，
同时也意识到作为"见闻之知"综合产物的"德性之知"可能拥有的差异性。
这就导致了另外一个问题，即如何保证人从"见闻之知"上升到"德性之
知"，而不局限于见闻，如他说：

> 智者引闻见之知以穷理而要归于尽性；愚者限于见闻而不反诸
> 心，据所窥测，恃为真知。徇欲者以欲为性，耽空者以空为性，皆闻
> 见之所测也。④

戴震回答了这个问题。他认为，这是由于心知有"蔽"未能达到"神明"。而
"蔽"就是：

> 人莫患乎蔽而自智，任其意见，执之为理义。吾惧求理义者以意
> 见当之，孰知民受其祸之所终极也哉？⑤

也就是说，"蔽"之根本就是以个人主观意见代替普遍客观的真理。因此，在

---

① 王夫之：《船山思问录》，严寿澂导读，第36页，上海古籍出版社2000年版。
② 王夫之：《张子正蒙注卷九·乾称篇下》，见《张子正蒙注》，章锡琛校点，第276页，古籍出版社1956年版。
③ 王夫之：《张子正蒙注卷九·乾称篇下》，见《张子正蒙注》，章锡琛校点，第276页，古籍出版社1956年版。
④ 王夫之：《张子正蒙注卷四·大心篇》，见《张子正蒙注》，章锡琛校点，第107页，古籍出版社1956年版。
⑤ 戴震：《孟子字义疏证·理》，见《儒学精华》（下），张立文主编，第2285页，北京出版社1996年版。

认识发展过程中，戴震认为必须要有一番去"蔽"的工夫。具体言之，分为
两部分内容：一是要获得由"神明"观照而来的"德性之知"就必须要重视
"见闻之知"，而不能因其有一定缺陷就抛弃"见闻之知"的基础作用：

> 试以人之形体与人之德性比而论之，形体始乎幼小，终乎长大；
> 德性始乎蒙昧，终乎圣智。其形体之长大也，资于饮食之养，乃长日
> 加益，非复其初；德性资于学问，进而圣智，非复其初，明矣。①

二是要去"私"。在戴震看来，知之"蔽"一方面由于人之学问不明而来，另
一方面则是私心使然，所以去"蔽"也需去"私"：

> 正者不牵于私，邪则反是。必敬必正，而意见或偏，犹未能语于
> 得理；虽智足以得理，而不敬则多疏失，不正则尽虚伪。②

何以为"正"？戴震提出"以情絜情"之道。他说：

> 理也者，情之不爽失也；未有情不得而理得者也。凡有所施于
> 人，反躬而静思之："人以此施于我，能受之乎？"凡有所责于人，
> 反躬而静思之："人以此责于我，能尽之乎？"以我絜之人，则
> 理明。③

就是说，判断所得之理是"正"还是"邪"不能以个人私意而必须以心之同
然为标准，只有这样才能避免"私"对知的影响，从而使人的智识摆脱一曲
之蔽，进而升华至"天德之知"。清儒唐甄则以性才关系重新诠释了儒家"德
性之知"与"见闻之知"的关系。他说：

> 性具天地万物，人莫不知焉，人莫不言焉。然必真见天地万物在
> 我性中，必真能以性合于天地万物，如元首手趾，皆如我所欲至。夫
> 如是，乃谓之能尽性也。④

这就基本承认了人性具有天德良能的事实。但唐甄没有延续传统儒学强调的
"见心明性"的反观思路去阐释这种"德性之知"，而以"才"这一观念来构
建自己的德性观。他说：

---

① 戴震：《孟子字义疏证·理》，见《儒学精华》（下），张立文主编，第 2288 页，北京出版社
1996 年版。

② 戴震：《孟子字义疏证·理》，见《儒学精华》（下），张立文主编，第 2290 页，北京出版社
1996 年版。

③ 戴震：《孟子字义疏证·理》，见《儒学精华》（下），张立文主编，第 2284 页，北京出版社
1996 年版。

④ 唐甄：《宗孟》，见《潜书注》，第 20 页，四川人民出版社 1984 年版。

世知性德，不知性才。上与天周，下与地际，中与人物无数，天下莫有大于此者。服势位所不能服，率政令所不能率，获智谋所不能获，天下莫有强于此者。形不为隔，类不为异，险不为阻，天下莫有利于此者。道惟一性，岂有二名！人人言性，不见性功。故即性之无不能者别谓为才。①

所谓"才"即指人改造现实世界的能力，表现在认识上即为把握客观物理的"见闻之知"。在他来看，"性德"即为"性才"，因为，作为包容万物的性之德只有通过性之才的努力才能把客观世界转变成为"我"的价值世界，无"性才"妄谈"具天地万物"的"性德"毫无实际意义。唐甄又说：

言性必言才者，性居于虚，不见条理，而条理皆由以出。譬诸天道，生物无数，即一微草，取其一叶审视之，肤理筋络，亦复无数。物有条理，乃见天道。②

天德为虚，必有条理才能显现，如天道必现于物理一样。因此，欲知天德必知人伦物理，或者说，天德即为人伦物理的总结与综合，而这必须借助"性才"才能完成。

智之真体，流荡充盈，受之方则成方，受之圆则成圆，仁得之而贯通，义得之而变化，礼得之而和同，圣以此而能化，贤以此而能大。其误者，见智自为一德，不以和诸德。其德既成，仅能充身华色，不见发用。以智和德，其德乃神。是故三德之修，皆从智入。③

从根本上说，德的意义在于能创造出现实功用，服务于人的现实生活，这就需要人用智去把握物理、分辨利害，因此，智是德之根本，无智即无德；而这种智，实际上就是把握具体物理的"见闻之知"。

---

① 唐甄：《性才》，见《潜书注》，第42页，四川人民出版社1984年版。
② 唐甄：《性才》，见《潜书注》，第45页，四川人民出版社1984年版。
③ 唐甄：《性才》，见《潜书注》，第47页，四川人民出版社1984年版。

第三章　儒家德性思想的基本特征

通过对儒家德性思想嬗变过程的描述，我们能发现德性既是儒家文化的基点也是终点。正因为人有德性，所以能够成就文明，从而把人的德性转化成德性的人。从这来看，儒家德性思想就是一种自我超越的文化，即把人从自私自利的小人超越为无私仁爱的君子，从受物欲支配的自在者超越成自由的自为人，从有限的"见闻之知"超越至无限的"德性之知"。这些品质实际上就构成了儒家德性思想的基本特征。

第一节　仁爱之道与儒家德性

人的本质是什么？这是儒家一直寻求解答的问题。从孔孟思想来看，仁无疑是儒家对人性的基本概括。孔子曾给予仁多种定义，但最具代表性的阐释可能就是"爱人"这一内涵。但"爱人"之"人"在这里代指的不是孤立的个体，而是一种群体概念；所谓"爱人"就是回归社会群体的意思。换言之，群体是人本质的存在方式，它不仅为个体的生存提供了必要的合作性力量和保障，也为创造和传承文化提供了必要的场所。因此，作为人就必须具备一定的群体特征，它保证人能够真正以人的方式生存发展下去。儒家往往以"天命"或"天道"等先验概念来转述这样的认识，但认可人具有仁心是其一贯的主张。与西方"同情"论不同的是，儒家所理解的仁心不建立在个人好恶的基础上——"这种情感可能正是对人类幸福的好感和对痛苦的反感"，[1] 恰恰相反，正因人有普遍一致的仁心才可能产生合理的好恶，"唯仁者能好人，能恶人"。[2] 展现在性情论上，儒家把情视为性与物交感的产物，主张"性体情用"，这从侧面说明了仁心相对个人情欲具有本源性。但这不是说仁心作为一种先验理性预设在人的精神领域，如亚里士多德和康德所理解的人性；儒家的仁心则始终与现实情感保持上下互通的关系。孔子将仁与人的孝悌之情联系起

---

① 休谟：《道德原理探究》，王淑芹译，第 104 页，中国社会科学出版社 1999 年版。

② 《论语·里仁》，见《论语导读》，鲍鹏山编著，第 50 页，复旦大学出版社 2012 年版。

来，认为孝悌为仁之本；郭店楚简则直接说"道始于情"。这说明仁与情不像西方哲学中理性与感性那样截然对立，本质上仁即情、情即仁，或者说，仁是情的升华，情为仁的现实贯注。

所谓仁是情的升华，就是指人的情感需要虽多种多样因时而异，但在这些复杂的情感需要当中有一些情感是普遍永恒的，它保证了其他情感需要得以持续产生和满足。因此，儒家总是以"生"来诠释仁，如明代大理学家曹端说：

> 仁者天地生物之心，而人所受以生者，为一心之全德、万善之总名，体即天地之体，用即天地之用。存之则道充，居之则身安。①

"生"既有孕育也有生生不息的意思。这段话表明，唯有仁心才能不断孕育和满足人的需要，使人得以受生。因此，维护社会秩序、遵循一定的社会规则是人追求个体情感需要的必备前提。儒家一向都强调"忠恕"之道：一方面主张相互尊重，即"己所不欲，勿施于人"；② 另一方面则强调积极主动地关怀帮助他人，即"己欲立而立人，己欲达而达人"。③ 它说明人的追求不应导致对自然、他人无尽的掠夺，而应有助于构建人与自然、社会的和谐，可以说这是儒家人道价值的终极准则。

当然，在现实中总会有诸多不和谐之处产生，如兄弟不义、朋友失信等等。但在儒家看来，这不仅不应看作人本然和谐状态的丧失，而更应视为人仁爱本性的异化。我们不妨看看王阳明与其弟子的这段对话：

> 问："先生尝谓'善恶只是一物'。善恶两端，如冰炭相反，如何谓只一物？"先生曰："至善者，心之本体。本体上才过当些子，便是恶了。不是有一个善，却又有一个恶来相对也。故善恶只是一物。"……又曰："善恶皆天理。谓之恶者本非恶，但于本性上过与不及之间耳。"④

"至善"即为仁心，是判断善恶的终极标准，因此是超越善恶的；与之吻合为善，与之相悖则为恶。这说明善恶都与"至善"相互联系，或者说都由"至善"而生，那么，善恶皆是天理（善有善理，恶有恶理，故都为理），皆是仁心的表现。

既然人的情感需要都源于仁心，为何还有善恶之别呢？程颐说：

---

① 曹端：《曹月川集》，第51页，上海古籍出版社1991年版。
② 《论语·卫灵公》，见《论语导读》，鲍鹏山编著，第276页，复旦大学出版社2012年版。
③ 《论语·雍也》，见《论语导读》，鲍鹏山编著，第100页，复旦大学出版社2012年版。
④ 王阳明：《象山语录　阳明传习录》，杨国荣导读，第268-269页，上海古籍出版社2000年版。

> 万物之生，负阴而抱阳，莫不有太极，莫不有两仪。氤氲交感，变化不穷。形一受其生，神一发其智，情伪出焉，万绪起焉。[①]

意即万物虽皆由天道自然一体所出，但一旦形成独立的个体，人就会依身起念，依念作茧，发其独智，遂使人与人纷争迭起。进一步说，自然的创造性虽赋予每个人以仁心，但作为有意识的特殊存在，在发挥自我力量时，极易在意识中把"自我"幻想成能够取代自然生机的绝对存在，进而以"我"为是、以他为非，从而打破原有的和谐状态，陷入无休止的冲突当中。这就违背了人情的社会性特征，从而使情堕落成恶。如能祛除个体自我的妄断，恢复情感的本然状态，即为天道仁心，如王艮说：

> 只心有所向，便是欲；有所见，便是妄。既无所向，又无所见，便是无极而太极。[②]

从这来看，人情本身真实无妄无所谓善恶（"至善"），所谓善恶完全来自主体立场，从仁心贯注下来的情感即为善，从个体欲望贯注下来的情感便是恶。而作为恶根源的个体意志，本质上又来源于社会。试想，离开了社会，个体的基本生活条件都不具备，又何谈意志呢？因此，恶的情感蕴含着本然的善，这就为人弃恶为善提供了内在依据。

所谓情是仁的现实贯注，就是指仁虽为人的社会本性，但本质上与情无二，是一种"情理"。孟子在分辨人性问题时，曾直接以"恻隐之心""辞让之心"等情感名词来表达。《中庸》又把人的喜怒哀乐之情视为"天命之性"。陆王心学从根本上就反对析情性为二。刘宗周则把情性差异视为认知角度的差异。戴震以"以情絜情"之道为理。这些认识基本上能够反映儒家的仁心与人情不二的思想。换言之，性理不是与人情相绝，单独存在于某个地方，它在人情之中，是人不同情感需要相互对立又相互联系的产物。从这来看，性也是情，是作为无形的内在需要散布在人的每一种情感需要当中；离开了情，也就无所谓仁心。这就是儒家一直强调理在情中的原因。

尤其值得一提的是，儒家的性情合一论，不是简单的机械融合，而是本质上的直接统一。首先，在价值上性虽优位于情，但情同样能直接影响性的内涵。如人的情感需要因地、因时变化，也会导致蕴含其中的性的变化，王夫之性"日生日成"的观点就典型地反映了儒家的这一思想。其次，性对情的控

---

① 程颐：《程氏易传·序》，见《易学精华》上册，郑万耕主编，第569页，北京出版社1996年版。

② 黄宗羲：《泰州学案一》，见《明儒学案》卷三十二，沈芝盈点校，第717页，中华书局1985年版。

制，不是以一物压制另一物的方式存在，而是在本质上以情感自身的明觉来实现的。如王阳明说：

> 喜怒哀惧爱恶欲，谓之七情。七者俱是人心合有的，但要认得良知明白……七情顺其自然之流行，皆是良知之用，不可分别善恶，但不可有所着；七情有着，俱谓之欲，俱为良知之蔽；然才有着时，良知亦自会觉，觉即蔽去，复其体矣！①

人情为人心本有的事物，顺其自然即为天德良知；若以个体私意追求情感满足，于当喜处不喜、当怒处不怒，遮蔽人情本具的仁性，即为人欲。但人的良知具有主动性，于此时就会明觉反省，使人情回归本然状态。王夫之也说：

> 天之与人者，气无间断则理亦无间断，故命不息而性日生。学者正好于此放失良心不求亦复处，看出天命于穆不已。②

人心总不免为物欲所蔽，放失良心，但日生之性恰好于此不断提醒人求放失之良心。这两位先生对良知自主明觉特征的描述也从侧面反映出其情感本质，因为只有情感才可能有这种主动性，那么，良知的明觉也就是情感自身的明觉。这就保证了仁心能与情感始终保持和谐相依的状态，而不会由于异质导致彼此的对抗乃至决裂。这正是儒家德性思想的最根本特征。

综合上述观点，我们能发现儒家德性思想的主旨内容就是要恢复人本然的社会情感，使人从自私自利的物欲状态提升至无私的价值存在状态。

第二节　自由与儒家德性

在儒家哲学中，确认、强化个体道德自由，是贯穿其思想发展的一条主线。孔子一再强调"为仁由己"③"我欲仁，斯仁至矣"。④《易传》则建立了儒家自由形上体系："一阴一阳之谓道，继之者善也，成之者性也。"⑤这就把阴阳互变作为人性自由的内在依据。儒家的自由究竟是什么样的自由呢？当代美国自由理论大师柏林曾把自由分为"消极自由"与"积极自由"两种。他

---

① 王阳明：《象山语录　阳明传习录》，杨国荣导读，第283页，上海古籍出版社2000年版。
② 王夫之：《读四书大全》卷十，见《儒学精华》（下），张立文主编，第2245页，北京出版社1996年版。
③ 《论语·颜渊》，见《论语导读》，鲍鹏山编著，第189页，复旦大学出版社2012年版。
④ 《论语·述而》，见《论语导读》，鲍鹏山编著，第120页，复旦大学出版社2012年版。
⑤ 《周易·系辞传上》，见《图解四书五经》，崇贤书院释译，第296页，黄山书社2016年版。

说："自由就是自主，就是实行自我意志的障碍之消除；而不论这些障碍是什么——自然的对抗、自己不能驾驭的感情、不合理的制度、他人与我相反的意志和行为。"① 在其看来，消除外在障碍的自由（如不合理的制度、相悖的言行等），便是"消极自由"；如果是内在障碍（如自己不能控制的情欲）消除的自由就是"积极自由"。换言之，"积极自由"就是用理智控制情欲，使人不做其不应该做之事的自由。从这来看，儒家所言的自由应属于"积极自由"范畴，即一种德性自由。

中西方这两种自由观的形成从根源上说来自对人意志的不同理解。西方文化一直强调个体意志的不可通约性和至上性，因此把社会群体意志视为服务个体意志的次生性产物。如卢梭说：

> 要找出一种结合方式，使他能以全部共同的力量来卫护和保障每个结合者的人身和财富，并且由于这一结合而使每一个与全体相联合的个人又只不过是在服从自己本人，并且仍然像以往一样地自由。这就是社会契约所要解决的根本问题。②

这自然就把自由理解成个体意志不受外在的约束。与之相反，儒家文化虽也承认个体意志的差异，但始终坚信在这种差异背后拥有一种普遍共同的意志，这种意志支撑起个体差异性的意志，是个体意志自我实现的必由之路。这就导致儒家把自由理解成个体意志向普遍意志的复归。并且认为，阻碍人合乎本性生活的因素，不在外在客观环境的不完善，而在现实生活中人所产生的欲。因此，儒家把自由最终转向对不合理欲望的克服。如朱熹说："为仁者必有以胜私欲而复于礼，则事皆天理，而本心之全德复全于我矣。"③ 这一过程中的主体与客体都是人自身，主体是服从内在仁心召唤的"真我"，客体是为物欲遮蔽的生活中的"我"，两者的统一在于"天理"与"人欲"融而不隔的圆融境界。

儒家首先赋予自然界以"生生不息"之精神，然后利用"生生之理"把天人联系起来，从而赋予人性以先验的道德本体，或称"善体"。如程颢说："天只是以生为道，继此生理者，即是善也。'生生之谓易'，是天之所以为道也。"④ 这说明人之所以为善，在于人心包含了道心：道心既是绝对普遍的客观存在，也是超越任何因果法则限制的绝对自由体。由此，儒家为人确立了先

---

① 王海明：《新伦理学》，第 409 页，商务印书馆 2001 年版。
② 卢梭：《社会契约论》，何兆武译，第 32 页，红旗出版社 1997 年版。
③ 朱熹：《四书集注·颜渊注》，见《儒学精华》（上），张立文主编，第 38 页，北京出版社 1996 年版。
④ 程颢、程颐：《河南程氏遗书》卷二，见《二程集》（第一册），第 24 页，中华书局 1981 年版。

验的自由本体，"经此发现以后，人才有真实的自我，人的尊严和做自己的主人这些重要的人理才能讲"。① 其次，把人的先验本性与人的现实生活结合起来，即在"天地之性"外再加上一个"气质之性"，它主要来源于人的身体和群体特征。这种本性使人与物相区别，强调人有自身特有的生存发展需要及满足方式。这就在人性当中形成两元对立的倾向，即"天地之性"与"气质之性"相联系又相对立。在宋明理学中，就展现为"道心"与"人心"的关系。"道心""人心"的分别原出古文《尚书·大禹谟》："人心惟危，道心惟微，惟精惟一，允执厥中。"② 北宋二程首以天理、人欲来解释"道心""人心"，程颢说："'人心惟危'，人欲也。'道心惟微'，天理也。"③ 朱熹继承了二程这一思想并加以发挥，他认为"道心""人心"为人身同具，"道心是义理上发出来底（的），人心是人身上发出来底（的）"。④ 源自义理的"道心"，纯然至善；出自身体的"人心"，由于"形气之私"的影响，不免有善有恶，应该通过德性修养使"人心"服从"道心"。但朱熹同时指出，"道心""人心"虽有区别，但是"只是这一个心"："人心亦只是一个。知觉从饥食渴饮，便是人心；知觉从君臣父子处，便是道心。"⑤ 可见，圣人不是无"人心"而与众人相别，而是使"人心"与"道心"相合，能"物物而不物于物"罢了。明代理学家罗钦顺则以性情关系表述"道心"与"人心"的关系，他说："道心性也，人心情也。心一也，而两言之者，动静之分，体用之别也。"⑥ 心是一而非二。所谓"道心"，即心之体，亦即心的本然未发状态，至精至微，这种心之本体就是性。所谓"人心"，即心之用，亦即心的流行发用，感而遂通，这种心之用就是情。性即是情、情即是性，两者互为体用，不可相无："人心道心，只是一个心。道心以体言，人心以用言。体用原不相离，如何分得？"⑦ 明代的气论学派更是主张融合"道心""人心"。吴廷翰说：

> 人心道心，性亦无二。人心人欲，人欲之本，即是天理，则人心

---

① 韦政通：《儒家与现代中国》，第83页，上海人民出版社1990年版。

② 《尚书·大禹谟》，见《尚书》，第24页，内蒙古人民出版社2008年版。

③ 程颢、程颐：《河南程氏遗书》卷十一，见《二程集》（第一册），第126页，中华书局1981年版。

④ 朱熹：《尚书》，见《朱子语类》（第三册），黎靖德编，杨绳其、周娴君校点，第1806页，岳麓书社1997年版。

⑤ 朱熹：《尚书》，见《朱子语类》（第三册），黎靖德编，杨绳其、周娴君校点，第1805页，岳麓书社1997年版。

⑥ 罗钦顺：《困知记·卷上》，见《困知记全译》，阎韬译注，第240页，巴蜀书社2000年版。

⑦ 罗钦顺：《困知记·附录·答林次崖第二书》，见《困知记全译》，阎韬译注，第396页，巴蜀书社2000年版。

亦道心也；道心天理，天理之中，即是人欲，则道心亦人心也。①

这些观点都说明了现实中的人必然是"人心"与"道心"不二的人，因此，企图以"道心"消解"人心"是错误的，而以"人心"同化"道心"也是不对的，只有利用德性涵养的工夫，化"人心"为"道心"、立"道心"于"人心"之中，才能真正地成为自由存在者，才能成为真正的价值主体。因此，打通物我之别、"道心"与"人心"之隔是儒家一直追求的价值目标。程颢曾以"性无内外"的观点详尽地表达了这种追求。他说：

> 所谓定者，动亦定，静亦定，无将迎，无内外。苟以外物为外，牵己而从之，是以己性为有内外也。且以性为随物于外，则当其在外时，何者为在内？是有意于绝外诱，而不知性之无内外也。既以内外为二本，则又乌可遽语定哉？②

"定"是佛教用语，原指心主一处、不妄想的意思。这里主要指儒家的心性修养。所谓"一本"，就是天人合一、物我合一、内外合一的存在状态。而"二本"就是天人、物我相对为二。当时有人（如李翱）认为，性为内、为善，情为外、为恶，因此，主张以内为是、以外为非，要求人定守内在本性，排斥一切外在欲求。但在程颢看来，这样就是内外、物我两隔，以我为是、以物为非，是"自私"的一种表现，是与天道"廓然大公"的本性相悖。故而，他要求打通内外、物我的界限，内外一体，在内即在外，反之亦然，以求达到"圣人之常，以其情顺万物而无情"这种物我两忘、性情合一的境界。当然，这种"无情"不是真无人情，而是化解了个体主观的"私欲"，使情感变成普遍客观的道德理性，成为理性化的情感。它既包括了天道之本心，也熔铸了个体意志与需要，是两者完美结合的产物。如程颢说：

> 圣人之喜，以物之当喜；圣人之怒，以物之当怒。是圣人之喜怒，不系于心而系于物也。是则圣人岂不应于物哉？乌得以从外者为非，而更求在内者为是也？③

这也就是达到了柏林所说的"积极自由"的存在状态。

---

① 吴廷翰：《吉斋漫录·卷上》，见《吴廷翰集》，第32页，中华书局1984年版。

② 程颢、程颐：《答横渠张子厚先生书》，见《二程集》（第二册），第460页，中华书局1981年版。

③ 程颢、程颐：《答横渠张子厚先生书》，见《二程集》（第二册），第461页，中华书局1981年版。

第三节　灵明知觉与儒家德性

尽管儒家文化缺乏认知理性，但不代表儒家不承认人有特殊的理解力，以及由此而产生的特殊地位。在儒家看来，人与物均是天道自然生灭变化的产物，所禀赋的本性从根底上说都是一样的，差异只在于人能明觉这种先天本性、化自在为自为，而物却没有这种能力，故只能被动地接受天道的安排，这是人贵为万物之灵的根本原因。对此，我们不妨看一下朱熹与其弟子的这段对话：

> 或问："人物之性一源，何以有异？"曰："人之性论明暗，物之性只是偏塞。暗者可使之明，已偏塞者不可使之通也。横渠言，凡物莫不有是性，由通蔽开塞，所以有人物之别。"[①]

人物之别不在于性理上有什么差异，而只在于人性明觉开通，物性则偏塞昏暗。这说明人具有其他事物所不具有的理解力，它能使人觉识天道之本性。这种知觉能力即儒家所说的良知或德性之知。与西方的认知理性相比，德性之知展露出很多不同的特色。我们可从这几个方面加以说明。

（1）认知对象的不同。一般来说，认知理性把握的对象都是经验具体的事物，并通过对感觉经验的归纳逐步形成相对普遍的因果规律性的认知。而德性之知则主要是用来把握道的直觉认识。对此，我们不妨分析一下儒家"格物致知"的理论。《大学》首先提出了儒家"格物致知"的认知方法：

> 欲修其身者，先正其心。欲正其心者，先诚其意。欲诚其意者，先致其知。致知在格物。[②]

后来，朱熹又作了篇《补格物致知传》，进一步阐发了《大学》中"格物致知"的思想。由于多方面原因，儒家的"格物致知"理论受到很多误解。有许多学者直接把其作为西方理性主义认识论去研究和发挥。如北京大学中国哲学教研室著的《中国哲学史》一书，就把朱熹的"格物致知"理论理解成："认识过程分两段，第一段是'即物穷理'，就事物加以尽量研究；第二段是'豁然贯通'，大彻大悟，了然于一切之理。"[③] 这基本就是从感性到理性认识论的中国翻版。首先，我们来分辨《大学》中的"格物致知"理论。很直接就会发

---

① 朱熹：《性理一》，见《朱子语类》（第一册），黎靖德编，杨绳其、周娴君校点，第51页，岳麓书社1997年版。

② 《大学》，见《图解四书五经》，崇贤书院释译，第2页，黄山书社2016年版。

③ 北京大学中国哲学教研室：《中国哲学史》，第289页，北京大学出版社2003年版。

现"致知""格物"的前提是"修身""正心""诚意"。这说明"格物致知"的目的是"明明德",以把握作为天下大本的道。朱熹的"格物致知"理论也是围绕着道展开的。在《补格物致知传》中,他首先说"人心之灵莫不有知",① 即认为人心本具一切知识,而不是西方理性主义认识论所认为的白板一块。又说"莫不因其已知之理而益穷之",② 这就等于说认识就像"磨镜","格物"就是磨去染在心灵之镜上的尘埃,使心灵恢复明觉本性而无所不照。而心之所以有知有明在于"心包万理,万理具于一心"。③ 因此,朱熹比较鄙视自然科学的实际知识,说它们是"小道不是异端;小道亦是道理,只是小。如农圃、医卜、百工之类,却有道理在。只一向上面求道理,便不通了"。④这说明儒家认知对象始终是道,而不是作为独立实体存在的物。尽管在明清时期,这种局面略有改观,但也只是强调道论与物理小识的差异,而没有彻底取消儒家以道为对象的德性之知。

(2) 认识方法的差异。在认识方法上,西方理性主义认识论一直坚持主客二分的模式,即把认识理解成主体利用各种感性和理性的能力来把握与之对立的外在对象的过程。而儒家的德性之知始终坚持主客一元论的模式,即把认识看作主体与对象合而为一的过程。因此,理性主义认识方法是正面直接的,而儒家德性之知认识方法则是反面的。邵雍说:

> 夫所以谓之观物者,非以目观之也。非观之以目,而观之以心也。非观之以心,而观之以理也。⑤

注文解释道:

> 于此乃知观物云者,非以目观,观之以我之心,亦观之以物之理。天下之物,莫不有理。理统于性,性根于命。理性命,必穷之尽之至之,而后知是为天下之真知。⑥

---

① 朱熹:《大学章句·补格物致知传》,见《儒学精华》(上),张立文主编,第71页,北京出版社1996年版。

② 朱熹:《大学章句·补格物致知传》,见《儒学精华》(上),第71页,张立文主编,北京出版社1996年版。

③ 朱熹:《学三》,见《朱子语类》(第一册),黎靖德编,杨绳其、周娴君校点,第39页,岳麓书社1997年版。

④ 朱熹:《论语三十一》,见《朱子语类》(第二册),黎靖德编,杨绳其、周娴君校点,第1072页,岳麓书社1997年版。

⑤ 邵雍:《观物内篇》,见《皇极经世》,李一忻点校,王从心整理,第458页,九州出版社2003年版。

⑥ 邵雍:《观物内篇》,见《皇极经世》,李一忻点校,王从心整理,第458页,九州出版社2003年版。

"观物"就是认识事物。而事物之根本在理，理又统摄于性，性则根源命与天道，因此，要想知物，就不能以目等感官能力来观察理解，甚至不能用心的理性认知能力，而必须以理观理，这才能形成"天下之真知"。因为，道如同水，无形迹可寻，但又能随势成万物之形，所以无法直观，也无法理性思索，必须冥除一切意识与道合一才能直觉体验出来。

> 圣人之所以能一万物之情者，谓其能反观也。所以谓之反观者，不以我观物也。不以我观物者，以物观物之谓也。既能以物观物，又安有于其间哉！①

圣人之所以能与物俱化，在于他不以个体意识观察万物，而能"反观"。而"反观"从本质上说就是消解主体意识，使人从主客相待转变成主客合一状态（"又安有于其间哉！"），达到"无思无为者，神妙致一之地也"。② 如果从西方理性主义认识论角度看，儒家德性之知的认识态度，确实表现出反智的立场，这也就是儒家不认可认知理性的重要原因。

（3）认识目的的差异。西方理性主义的认识目的，在于掌握事物之间的因果规律，以达到按照人自身需要控制和改造自然的目的，故有"知识就是力量"的宣言。而儒家德性之知的认识目的，在于把握绝对之本体，为人安身立命提供一个坚实的基石。杜维明先生曾把儒家德性之知理解为"体知"，以区别于西方理性主义认知。他说："体知是帮助我们认识、了解和领会我们身体全幅内涵必经的途径，这个途径的具体内容，就是主体意识的建立。"③这就是说"体知"所指向的是提供源源不断精神动力的人格境界。美国伦理学家麦金太尔也把德性之知界定为："一种获得性人类品质，这种德性的拥有和践行，使我们能够获得实践的内在利益，缺乏这种德性，就无从获得这些利益。"④ 这里的"内在利益"是与"外在利益"相对而言的。"外在利益"指个人所获得的物质利益；"内在利益"却是指在不断完善实践活动本身的过程中所自然呈现出来的内在精神意义。可见，德性之知是关于人生价值的知识，是为人确立合理价值目标的。这就是儒家一直把成人立德作为求学致知根本目的的原因。如陆九渊说：

① 邵雍：《观物内篇》，见《皇极经世》，李一忻点校，王从心整理，第464页，九州出版社2003年版。

② 邵雍：《观物外篇下》，见《皇极经世》，李一忻点校，王从心整理，第594页，九州出版社2003年版。

③ 杜维明：《论儒家的"体知"——德性之知的涵义》，见《杜维明文集》第五卷，郭齐勇、郑文龙编，第357页，武汉出版社2002年版。

④ 麦金太尔：《德性之后》，龚群、戴杨毅等译，第241页，中国社会科学出版社1995年版。

须思量天之所以与我者是甚底？为复是要做人否？理会得这个明
白，然后方可谓之学问。[①]

学问就是要明白做人的意义，把天地赋予人特有的功能充分发挥出来。张载则
把儒家治学目标概括为："为天地立志，为生民立道，为去圣继绝学，为万世
开太平。"[②]"为天地立志"就是要赋予自然以人伦生命，使之不仅成为人物质
生命之源，也作为人的精神家园。"为生民立道"即为人"立命"，明白人特
有的价值内涵。"为去圣继绝学"就是要接续儒家人文传统，使之永不灭绝。
"为万世开太平"就是通过努力把人类社会改造成和谐安康的王道之世。这里
牵涉的基本上都是价值信念问题。因此，儒家德性之知展现的是一种价值理
性，而不是科学原理。

第四节　伦理规范与儒家德性

儒家德性文化自开始就不局限在个人修养范围，而上升至社会、国家层
面，形成了特有的德治文化。因此，儒家德性思想兼涉自我与群体两方面：在
面临个体时，强调自我明觉涵养；在面临群体时，又突出强调外在规范的强制
作用。这形成了儒家德性思想兼容伦理规范的特征。我们可从以下几个方面来
理解。

（1）伦理规范起源于德性。从词源含义来看，"伦"，本意指辈、类的意
思；"理"，是条理、道理的意思。伦理两字连用就表示群类规范的意思。这
说明伦理以群体作为承担者，作为普遍行为准则而存在，因而具有超越特定主
体的特点。德性则以主体为承担者，并涉及人的存在境域与终极价值意义。在
儒家看来，尽管伦理规范与德性各自呈现出与主体不同的关系，但两者并非彼
此悬隔。在现实生活中，德性总具体表现为理想人格的形态，如"先王""圣
人""君子"等。儒家一直把伦理规范视为圣人的创造，如荀子说：

礼起于何也？曰：人生而有欲，欲而不得，则不能无求；求而无
度量分界，则不能不争；争则乱，乱则穷。先王恶其乱也，故制礼义
以分之，以养人之欲、给人之求，使欲必不穷乎物，物必不屈于欲，
两者相持而长。是礼之所起也。[③]

---

① 陆九渊：《象山语录　阳明讲习录》，杨国荣导读，第65页，上海古籍出版社2000年版。
② 张载：《张载语录·语录中》，见《张载集》，章锡琛点校，第320页，中华书局1978年版。
③ 《荀子·礼论》，见《荀子译注》，张觉撰，第393页，上海古籍出版社1995年版。

这说明伦理规范根源于先王服务于社会现实的设计。先王何以具备这种能力呢?《周易》说:

> 夫"大人"者,与天地合其德,与日月合其明,与四时合其序,与鬼神合其吉凶。先天而天弗违,后天而奉天时。天且弗违,而况于人乎?况于鬼神乎?①

"大人"即圣人。圣人与天"合其德",即圣人"与日月合其明",共同覆照万物;与地"合其德",即《坤卦第二》说的"君子以厚德载物"。② 这表明圣人因有德性,而具备为社会设定伦理规范的资格。此外,儒家还从本末角度来论证德性与伦理规范的生与被生的关系。一般来说,道德规范兼具主体意识与外在普遍性两方面性质。但儒家认为,主体意识更具有本根性,如王阳明说:

> 若只是那些仪节求得是当,便谓至善,即如今扮戏子,扮得许多温亲奉养的仪节是当,亦可谓之至善矣。③

就是说,离开主体意识的外在规范必然流于形式,如同戏子演戏一样。反之,即便外在仪节有所欠缺,但只要内在意识表达充分,仍不失伦理规范之本质:

> 以此纯乎天理之心,发之事父便是孝,发之事君便是忠,发之交友治民便是信与仁。只在此心去人欲、存天理上用功便是。④

因此,儒家反对偏执一定的伦理规范,主张权变,所反映的就是这种德性重于规范的理念。

(2)伦理规范蕴含着德性精神,是德性修养的必备路径。在儒家文化产生之前,作为伦理规范的周礼实际上就是法,如荀子说:"故非礼,是无法也。"⑤ 这说明礼是从外强加于人的,而与人的德性精神无关:"礼自外作。"⑥ 但自孔子开始,作为伦理规范的礼与主体内在精神逐步建构了联系。为此,孔子在礼的形式中注进了仁。仁者,人也,以仁为核心的礼应是人性的内在要求。如果失去了仁,失去了人性根据,那么礼只能是空洞的形式:"人而不仁,如礼何?"⑦ 如规范父子关系的孝,孔子就强调"勿色难"式的敬养:"今

---

① 《周易·乾卦第一》,见《图解四书五经》,崇贤书院释译,第161页,黄山书社2016年版。
② 《周易·坤卦第二》,见《图解四书五经》,崇贤书院释译,第162页,黄山书社2016年版。
③ 王阳明:《象山语录 阳明传习录》,杨国荣导读,第170页,上海古籍出版社2000年版。
④ 王阳明:《象山语录 阳明传习录》,杨国荣导读,第169页,上海古籍出版社2000年版。
⑤ 《荀子·修身》,见《荀子译注》,张觉撰,第26页,上海古籍出版社1995年版。
⑥ 《礼记·乐记》,见《礼记译注》(下),杨天宇撰,第474页,上海古籍出版社2004年版。
⑦ 《论语·八佾》,见《论语导读》,鲍鹏山编著,第32页,复旦大学出版社2012年版。

之孝者，是谓能养。至于犬马，皆能有养。不敬，何以别乎?"① 清儒唐甄曾这样解释儒家所言的"敬"：

> 谨慎，敬也；而敬不尽于谨慎。温恭，敬也；而敬不尽于温恭。无肆无慢，敬也；而敬不尽于无肆无慢。②

又说：

> 敬之为道，岂期于寡过而称为君子云尔乎? 将以尽其心也，将以全其性也，将以大其功也。③

这说明"敬"不是偏执于某一具体的规范，如"谨慎""温恭"等，而是要寻求"尽其心""全其性"的德性精神。因此，儒家始终坚信伦理规范蕴含着德性精神，那么，通过伦理规范的践行其实也可以逐渐涵养出人本具的德性。孔子就把孝悌之道作为人成仁之根本："君子务本，本立而道生。孝弟也者，其为仁之本与?"④ 就是说，君子专心于根本，根本确立了，道自然就会产生出来，孝悌就是为仁的根本。故而，在德性修养方面，儒家也十分强调对既定伦理规范的遵守。

朱熹说：

> 盖古人之教，自其孩幼而教之以孝悌诚敬之实，及其少长而博之以诗书礼乐之文，皆所以使之即夫一事一物之间，各有以知其义理之所在，而致涵养践履之功也……是必至于举天地万物之理而一以贯之，然后为知之至，而所谓诚意、正心、修身、齐家、治国、平天下者，至是而无所不尽其道焉。⑤

这就是说，人的德性培养必须从孝悌诚敬这些最基本的伦理规范开始，再至"诗书礼乐之文"的智识培养，最后才能涵养出稳定的德性。但这不代表人只能被动地接受伦理规范，而无丝毫主体性可言。作为蕴含了德性精神的儒家伦理规范始终强调个体的认可和参与，要求规范应当合乎人的自然性情，如王阳明说：

> 大抵童子之情，乐嬉游而惮拘检，如草木之始萌芽，舒畅之则条达，摧挠之则衰痿。今教童子，必使其趋向鼓舞，中心喜悦，则其进

---

① 《论语·为政》，见《论语导读》，鲍鹏山编著，第18页，复旦大学出版社2012年版。
② 唐甄：《敬修》，见《潜书注》，第127页，四川人民出版社1984年版。
③ 唐甄：《敬修》，见《潜书注》，第128页，四川人民出版社1984年版。
④ 《论语·学而》，见《论语导读》，鲍鹏山编著，第2页，复旦大学出版社2012年版。
⑤ 朱熹：《晦庵先生朱文公文集》卷四十二，文渊阁四库全书本。

自不能已。譬之时雨春风，沾被卉木，莫不萌动发越，自然日长月化；若冰霜剥落，则生意萧索，日就枯槁矣。故凡诱之歌诗者，非但发其志意而已，亦以泄其跳号呼啸于咏歌，宣其幽抑结滞于音节也……凡此皆所以顺导其志意，调理其性情，潜消其鄙吝，默化其粗顽，日使之渐于礼义而不苦其难，入于中和而不知其故。①

儿童天性爱玩好动，如果道德教化完全不顾及此类本性，就很难取得理想效果，因此，应当充分利用儿童好动爱唱的特点，使其"渐于礼义而不苦其难"。这说明儒家伦理规范始终指向人的德性，是为德性精神兼摄的伦理规范。

---

① 王阳明：《象山语录　阳明传习录》，杨国荣导读，第 258 页，上海古籍出版社 2000 年版。

第四章　儒家德性价值论

　　价值是人类解决一切问题的根本意识。世界上所有的民族文化都必然包含着自身的价值理念和独特的价值思维方式，而儒家文化更是把价值问题作为哲学思考的核心内容。从人性善恶的辨析到为善去恶的道德修养，再至成人成圣的人生目标，无一不体现着儒家文化对价值内涵的反思。因此，价值论是儒家文化的重要组成部分。若想完整地理解儒家文化就必须研究其价值哲学，反之，若想完整地考察价值哲学的发展也必须深究儒家价值哲学，这两者应该是辩证统一的。

第一节　德性与善

　　在经验生活中，善往往被理解成好的意思。例如一种帮助别人的行为，我们既可把它描述为好，也可形容成善。《说文解字》说："好，美也。"[1] 即认为，凡是好的事物都具有使人感到愉悦的品质，或者说满足了人的某种需要。但愉悦的品质就是"善"吗？一件装饰华丽的衣服，我们可称之为好，但不誉之为善。这说明好与善在内涵上有着本质的区别，后者可能更多地关涉到主体自身的行为。亚里士多德就曾对善下过这样的定义："人的善就是合乎德性而生成的灵魂的实现活动。如若德性有多种，则须合乎最美好、最完满的德性。"[2] 在这里，亚里士多德就把善与人的德性联系在一起。因此，理解善就不能完全从满足人需要的角度出发，正如西季威克说的，"如果我们借助于与'欲望'的关系来解释'善'概念，我们一定不要把它等同于实际被欲求的东西，而宁可把它等同于值得欲求的东西"[3]。很明显，不是所有好的东西都是善的，而只有符合德行的好，才能成为善。但现实生活中的德行总是种类繁多，究竟符合哪一种德行的好才能成为善？亚里士多德指出："如若在实践中

---

　　① 桂馥：《说文解字义证》，第 1080 页，齐鲁书社 1987 年版。
　　② 亚里士多德：《尼各马科伦理学》，苗力田译，第 14 页，中国社会科学出版社 1990 年版。
　　③ 西季威克：《伦理学方法》，廖申白译，第 132 页，中国社会科学出版社 1993 年版。

确有某种为其自身而期求的目的，一切其他事情都要为着它，但不可能全部选择都是因他物而作出的（这样就陷入无穷后退，一切欲求就变成无益的空忙），那么，不言而喻，这一为自身的目的也就是善自身，是最高的善。"① 这就说明善应该从属于目的性价值，这种价值只能成为构成一切其他价值的基础，而不能充当铺垫性的工具价值。而什么能够充当作为终极目的的善呢？日本学者西田几多郎说："我们本来就有各种要求，既有肉体上的欲望，也有精神上的欲望；从而一定会有财富、权力以及知识、艺术等各种可贵的东西。但是无论是多么强大的要求或高尚的要求，如果离开了人格的要求，便没有任何价值；只有作为人格要求的一部分或者手段时才有价值。"② 这说明，相对于经验生活中的各种具体的"善"，人格之"善"展现出本原性的特征。本原性是指人格是"善"的基础，是繁殖其他善的本原体。而人格在内涵上无非指人的德性。孟子就说："由仁义行，非行仁义也。"③ 意即是，离开德性的仁义就不能算作真正的仁义，它很可能只是满足某些人沽名钓誉的手段，不具有真实的道德价值。孔子也说："君子去仁，恶乎成名？君子无终食之间违仁，造次必于是，颠沛必于是。"④ 在孔子那里，仁就是人之为人的本性或说德性，所以离开仁心的观照，君子就不可能真正地为善去恶，而成为道德之典范。因此，研究价值问题就不可能不从德性问题展开。

第二节 德性与价值

儒家文化虽然没有"价值"这个词语，但作为一种伦理形态的文化，实际上包含着丰富的价值思想。儒家价值思想，集中体现在其德性思想当中。这种德性价值论，主要包含三个方面：（1）自由是根基，即善恶来源于人的选择，无选择就无善恶，即无价值。（2）德性是主体尺度，即人只在抽象层面共同具有价值本性，唯有德性存在者才是真正的现实价值存在者。（3）和谐是标准，即自由的价值并非毫无限制，而必须与自然、他人、自我保持和谐关系，这样，才能永久地保存价值。

---

① 亚里士多德：《尼各马科伦理学》，苗力田译，第2-3页，中国社会科学出版社1990年版。

② 西田几多郎：《善的研究》，何倩译，第114页，商务印书馆1965年版。

③ 《孟子·离娄下》，见《孟子新注新译》，杨逢彬著，第238页，北京大学出版社2017年版。

④ 《论语·里仁》，见《论语导读》，鲍鹏山编著，第52页，复旦大学出版社2012年版。

一、自由：儒家德性价值的根基

首先应该承认，只有在可能的世界，价值才有存在的必要；在完全必然化的世界，既无比较之可能，也无好与坏之分，无所谓什么价值问题。就人的本质而言，人非一种一成不变的必然性存在物，而是一种独特的可能性存在。具有未完成性的人，天生就具有超越现实限制的激情和冲动，这是人区别和超越于动物的一个显著标志。因此，人永远不会满足于某种已经变成的东西，永远不会满意于浑浑噩噩、碌碌无为的生活，而总是要追求有意义的生活，积极创造有价值的人生。这说明价值问题的产生，深植于人超越现实、追求可能生活的本性，是专属于作为自由存在人的问题。关于这一点，儒家是一直首肯的。

王阳明的弟子曾问："然则善恶全不在物？"王阳明答道："只在汝心循理便是善，动气便是恶。"又说："毕竟物无善恶。"① 这说明物的价值形态不取决于物的自然属性，它根源于人心的活动。具体言之，就是人的灵明良知创造了价值这种特殊的存在形态：

> 我的灵明，便是天地鬼神的主宰。天没有我的灵明，谁去仰他高？地没有我的灵明，谁去俯他深？②

这里所说的"主宰"不是说人的灵明创造了天地万物，而是指天地万物由本然的存在成为价值世界中的存在，离不开人的灵明。作为本然的存在，天地无所谓高低，唯有相对于人，天地才呈现出高低的价值特性。而人为什么具备创造价值这种特殊功能呢？《周易·乾卦第一》说："元者，善之长也。"③ 朱熹解释说：

> 元只是善之长。万物生理皆始于此，众善百行皆统于此，故于时为春，于人为仁。④

就是说，"元"既是万物生化的始基，也是一切价值的根基，在时展现为生机盎然的春天，在人则表现为仁爱之性。《周易·乾卦第一》又说："大哉乾元，万物资始，乃统天。"⑤ 这里"元"即可理解为道。那么，"元者，善之长也"也可说成道为一切价值之根源。我们不妨再看看《易传》上的这句话："一阴

---

① 王阳明：《象山语录　阳明传习录》，杨国荣导读，第 197 页，上海古籍出版社 2000 年版。

② 王阳明：《象山语录　阳明传习录》，杨国荣导读，第 297 页，上海古籍出版社 2000 年版。

③ 《周易·乾卦第一》，见《图解四书五经》，崇贤书院释译，第 157 页，黄山书社 2016 年版。

④ 朱熹：《易四》，见《朱子语类》（第三册），黎靖德编，杨绳其、周娴君校点，第 1518 页，岳麓书社 1997 年版。

⑤ 《周易·乾卦第一》，见《图解四书五经》，崇贤书院释译，第 157 页，黄山书社 2016 年版。

一阳之谓道。继之者善也，成之者性也。"① 道即为阴阳，它创造了善，也塑造了人的价值本性。何以阴阳之道有如此功能？朱熹说：

> 《易》只是个阴阳。庄生曰"《易》以道阴阳"，亦不为无见。如奇耦、刚柔，便只是阴阳做了《易》。②

阴阳如同奇耦（偶）、刚柔之矛盾体，它们彼此之间的交互作用推动了事物的自由发展。如果再结合前面引文，我们就能得出这样的结论：自由创造了一切善，是善之本体。因此，高攀龙说："善即生生之易也，有善而后有性，学者不明善，故不知性也。"③ 善就是宇宙生灭变化自由创造之本性，有此才有善之人性，故不知善体，就不知人性。这也就承认了人具有先验的绝对自由本性，可超越一切因果限制，使人的道德意志持有自由创造之能力。如王阳明说："良知是造化的精灵。这些精灵，生天生地，成鬼成帝，皆从此出，真是与物无对。"④ 良知就是善体在人性中的表现。它能生天生地，成就一切事物，是人自由创造的根。而人正是由于具备了这种本性，才拥有了创造价值的能力。

需要特别提出的是，作为善体的至善，本身是超越善恶对待的，唯有这样才能保证其普遍自由性。因此，儒家认为，善体不仅能产生善，也能产生恶："善恶皆天理。谓之恶者本非恶，但于本性上过与不及之间耳。"⑤ 这表明，善体只是自由选择的能力，至于选择后所造成的事实是善还是恶，则不完全由其决定。但可以肯定的是，如果人没有自由选择的能力，绝不可能有所谓的善恶，这是一切价值之源泉。

二、德性：儒家德性价值的主体尺度

尽管儒家承认人由于禀赋天道生化之机，而为先验的自由存在者，但这并不代表人在现实生活中就必然地成为价值主体。因为，人很可能会（某种意义上也是必然）被外在环境异化，而失去作为价值主体的自由创造之本性；唯有经历德性涵养，才能使人从潜在的价值主体转变成现实的价值创造者。

在儒家看来，人性虽源自天命，但毕竟因形体之限而与天道相隔一层。展现在人性上，即有宋儒所言的"气质之性"。它有清明驳杂之分，故有善恶之

---

① 《周易·系辞传上》，见《图解四书五经》，崇贤书院释译，第296页，黄山书社2016年版。
② 朱熹：《易一》，见《朱子语类》（第一册），黎靖德编，杨绳其、周娴君校点，第1436页，岳麓书社1997年版。
③ 黄宗羲：《东林学案一》，见《明儒学案》卷五十八，第1415页，中华书局1985年版。
④ 王阳明：《象山语录　阳明传习录》，杨国荣导读，第276页，上海古籍出版社2000年版。
⑤ 王阳明：《象山语录　阳明传习录》，杨国荣导读，第269页，上海古籍出版社2000年版。

别。这说明天命之性必受气质之性的遮蔽，须经过一番"变化气质"的努力，才能直接展露出来。这是人道与天道最根本的差异，如罗钦顺说：

> 天之道莫非自然，人之道皆是当然。凡其所当然者，皆其自然之不可违者也。何以见其不可违？顺之则吉，违之则凶，是之谓天人一理。①

就是说，天道自在自为，一切皆合乎自然天理。人道虽也必须符合天道，但只是"当然"；而所谓"当然"就是可能这样做，又可能不这样做，相合为善，相悖则为恶。这说明人道价值的实现还需经历一个化"当然"为"自然"的德性化过程，唯有如此，现实的善才能出现。具体来说，就是要经历"去私"和"立智"的过程。

（1）"去私"。陆九渊说："不曾过得私意一关，终难入德。"②"私"通常与"公"相对，指人专以满足个体需要为最高宗旨的一种价值理念，故韩非子说："自环者谓之'私'。"③ 它的最大特点就是在人我之间挖掘出一条难以跨越的鸿沟，善恶好坏完全取决于个人感受，从而把道德评价非理性化。这是儒家一直批判的观点。如孔子说："爱之欲其生，恶之欲其死。既欲其生，又欲其死，是惑也。"④ 喜欢就想让他生存下去，不喜欢就想让他尽快死去。这种既想让人生又想让人死的做法，无疑前后矛盾，使人感到困惑。因此，孔子认为唯有使人的好恶之情从"私"转化成仁者才能真正给人以符合客观事实的理性判断："唯仁者能好人，能恶人。"⑤ 在宋明理学家那里，"私"又被看作"从躯壳起念"。一次，弟子问王阳明："天地间何善难培，恶难去？"他答道："此等看善恶，皆从躯壳起念，便会错。"又说："天地生意，花草一般，何曾有善恶之分？子欲观花，则以花为善，以草为恶；如欲用草时，复以草为善矣。此等善恶，皆由汝心好恶所生，故知是错。"弟子再问："然则无善无恶乎？"王阳明说："无善无恶者理之静，有善有恶者气之动。不动于气，即无善无恶，是谓至善。"又说："不作好恶，非是全无好恶，却是无知觉的人。谓之不作者，只是好恶一循于理，不去又着一分意思。如此，即是不曾好恶一般。"⑥ 在这段话中，"天地生意，花草一般"，是从天地生物之自然无私意处着眼，万物没有价值上的善恶。"子欲观花，则以花为善，以草为恶"是从个

---

① 罗钦顺：《困知记·卷上》，见《困知记全译》，阎韬译注，第261页，巴蜀书社2000年版。
② 陆九渊：《象山语录 阳明传习录》，杨国荣导读，第23页，上海古籍出版社2000年版。
③ 《韩非子·五蠹》，见《韩非子》，第181页，岳麓书社2015年版。
④ 《论语·颜渊》，见《论语导读》，鲍鹏山编著，第195页，复旦大学出版社2012年版。
⑤ 《论语·里仁》，见《论语导读》，鲍鹏山编著，第50页，复旦大学出版社2012年版。
⑥ 王阳明：《象山语录 阳明传习录》，杨国荣导读，第197页，上海古籍出版社2000年版。

体需要着眼，事物就有了价值上的善恶。此所谓"从躯壳起念"，为"私"。"无善无恶者理之静"便是自一体之仁之价值平等处说，为"公"。王阳明认为，就人的现实存在来说，虽必会对万物有所取用，也必会发生善恶的价值判断，但"从躯壳起念"取用万物，必须遵循天理，不能纯粹按照个人意志随意安排，只有这样，才能获得"至善"。这说明儒家始终把德性作为评价一切正面价值的最高原则，是成就现实价值的主体尺度。

（2）"立智"。如果说"去私"是为了确立普遍的目的理性，那么"立智"则是确立实现目的的工具理性。与道家反智论相对，儒家自古以来就有重智传统。孔子把智与仁、勇并列为修身的三大根本德目："知者不惑，仁者不忧，勇者不惧。"① 强调智识有利于仁爱之德发挥因势利导、抉择是非善恶的功效："好仁不好学，其弊也愚。"② 荀子更是把德性修养完全寄托在人后天智识的学习上："《礼》者，法之大分、类之纲纪也。故学至乎《礼》而止矣，夫是之谓道德之极。"③ 时至汉代，董仲舒更强调智相对于仁的作用："仁而不智，则爱而不别也；智而不仁，则知而不为也。故仁者所以爱人类也，智者所以除其害也。"④ 就是说，仁是从正面积极地爱护他人，智则从反面消除一切祸害人的事物，因此，可以说仁即智、智即仁。汉末大儒王符又说："天地之所贵者人也，圣人之所尚者义也，德义之所成者智也，明智之所求者学问也。"⑤ 这种"德由智成论"充分表达了智是德的基础的认识。宋明理学家虽一致地强调"穷理尽性"，但同样也专心于"格物致知"和"致良知"方面的努力，在某种意义上两者可称为一体之两面。清儒唐甄则说："以智和德，其德乃神。是故三德之修，皆从智入。"⑥ 儒家一般认为人性同具仁、义、礼、智四德，而唐甄认为，只有从智德入，其他三德才得以成、得以神。因此，"立智"也是成就儒家德性的根本。

如果说"去私"是从内开挖出德性之本原，使人跳出狭隘的自我世界的话，那么"立智"就是从外延展出德性的"枝叶"，使人明计得失、成就现实的功业，这也许就是儒家经常说的"合外内之道"的真实内涵吧！

---

① 《论语·子罕》，见《论语导读》，鲍鹏山编著，第157页，复旦大学出版社2012年版。

② 《论语·阳货》，见《论语导读》，鲍鹏山编著，第307页，复旦大学出版社2012年版。

③ 《荀子·劝学》，见《荀子译注》，张觉撰，第8页，上海古籍出版社1995年版。

④ 《春秋繁露·必仁且智》，见《春秋繁露新注》，曾振宇、傅永聚注，第183-184页，商务印书馆2010年版。

⑤ 王符：《潜夫论·赞学》，见《潜夫论笺校正》，汪继培笺、彭铎校正，第1页，中华书局1985年版。

⑥ 唐甄：《性才》，见《潜书注》，《潜书》注释组注，第47页，四川人民出版社1984年版。

三、和谐：儒家德性价值的终极目标

和谐自古就是中国文化的核心理念。早在西周时期，周太史伯就提出了"夫和实生物，同则不继"①的观点。后来，儒家更是把和谐作为阐发哲学理念的基点。孔子在《论语》中说"礼之用，和为贵"；②荀子提出"万物各得其和以生"；③《中庸》提出"和也者，天下之达道也"。④秦汉以后，和谐观念依然被儒家普遍坚守，甚至连提出"罢黜百家，独尊儒术"的董仲舒也认为："和者，天之正也，阴阳之平也。其气最良，物之所生也。诚择其和者，以为大得天地之奉也。"⑤"和"自然不是指盲目附和、是非不分，而是指"和而不同"，强调世界万物都是由不同方面、不同要素构成的，在这一共同体内，各要素之间需要相互依赖、共生共存。因此，儒家虽承认价值来源于人的自由本性，但不代表人性仅局限在无止境的自由超越过程中，而永无一个和谐安宁的前提与根据。毕竟，道德只存在于人与自然社会的关系当中，是用来维护两者之间正当关系的，所以，儒家一直把和谐作为解决个体德性与自然社会矛盾的方式，这就导致了儒家德性价值把人与自然社会的和谐作为终极目标和判断得失的标准。

关于道德与自然社会的和谐关系，黑格尔曾划分为这几大层面：（1）道德与客观自然的和谐，这是世界的终极目的；（2）道德与内在自然（感性意志）的和谐，这是自我意识本身的终极目的；（3）实现前两种目的的"知行合一"的行动和谐，这是道德行动本性的体现。⑥我们就以这几大层面来剖析儒家和谐价值观的基本内涵。

儒家自古以来对待自然就有一种特有的"亲情"，视自然为万物（包括人）的母体，与人同质同道。因此，尊重自然、与自然保持和谐一直是儒家刻意追求的价值目标。早在孔子时期，儒家就提出了"唯天为大，唯尧则之"⑦的天人合一的思想。孟子也认为天有"莫之为而为"的客观独立性，主张人要"尽心""知性"而"知天"，以达到"上下与天地同流"⑧的境界。

① 《国语·郑语》，见《国语直解》，来可泓撰，第746页，复旦大学出版社2000年版。
② 《论语·学而》，见《论语导读》，鲍鹏山编著，第10页，复旦大学出版社2012年版。
③ 《荀子·天论》，见《荀子译注》，张觉撰，第347页，上海古籍出版社1995年版。
④ 《中庸》，见《图解四书五经》，崇贤书院释译，第12页，黄山书社2016年版。
⑤ 《春秋繁露·循天之道》，见《春秋繁露新注》，曾振宇、傅永聚注，第336页，商务印书馆2010年版。
⑥ 黑格尔：《精神现象学》（下），第130页，商务印书馆1996年版。
⑦ 《论语·泰伯》，见《论语导读》，鲍鹏山编著，第138页，复旦大学出版社2012年版。
⑧ 《孟子·尽心上》，见《孟子新注新译》，杨逢彬著，第238页，北京大学出版社2017年版。

《周易》则提出了"夫'大人'者，与天地合其德，与日月合其明，与四时合其序，与鬼神合其吉凶。先天而天弗违，后天而奉天时"① 的思想。就是说天地本性在于生生不息地养育万物，作为"人伦之至"的圣人也必须与天道相合，才能达到"先天而天弗违，后天而奉天时"的极高境界。董仲舒在此基础上提出了"天地人一体"的观点：

> 何谓本？曰：天地人，万物之本也。天生之，地养之，人成之。天生之以孝悌，地养之以衣食，人成之以礼乐，三者相为手足，合以成礼，不可一无也。②

天地是生命之本，而人的作用是使天地生养的万物臻于完善；他们之间只有相互构成一个有机整体，才能保证彼此持续发展。基于此，宋儒进一步提出了"天地万物一体"的思想，不仅承认人与自然界其他事物都有内在价值和生存权利，而且还把儒家的仁爱之道从传统的人际道德向生态伦理拓展。如程颢说："仁者，浑然与物同体。"③ 张载的"民胞物与"的思想更是把儒家"天人合一"的仁爱思想发挥到了极致。这说明人与自然的和谐是儒家德性价值追求的终极目标。此外值得一提的是，儒家倡导的人与自然的和谐实质也包含着人与社会和谐的内涵，因为在儒家哲学中，社会从属于自然，是自然发展到一定阶段的产物。在某种意义上，"忠恕"之道典型地表现了儒家对人与社会和谐的企求。

　　人与内在自然的和谐也是儒家德性价值追求的目标。从历史来看，儒家虽一直把道德作为人禽之别的标准，但也不彻底否定人追求外在欲望满足的合理性。孔子就说："富而可求也，虽执鞭之士，吾亦为之。"④ 这就明确肯定了追求物质利益是人的天性，问题在于如何去谋取物质利益，是合乎道义还是不顾道义地追逐物质利益。孔子强调用道义来指导人们对利益的追求，倡导见利思义：

> 富与贵，是人之所欲也，不以其道得之，不处也。贫与贱，是人之所恶也，不以其道去之，不去也。⑤

这在某种意义上既兼顾到了利，又避免了因过度追求利益而导致人际冲突局面

---

① 《周易·乾卦第一》，见《图解四书五经》，崇贤书院释译，第161页，黄山书社2016年版。
② 《春秋繁露·立元神》，见《春秋繁露新注》，曾振宇、傅永聚注，第119页，商务印书馆2010年版。
③ 程颢、程颐：《河南程氏遗书》，见《二程集》（第一册），第16页，中华书局1981年版。
④ 《论语·述而》，见《论语导读》，鲍鹏山编著，第109页，复旦大学出版社2012年版。
⑤ 《论语·里仁》，见《论语导读》，鲍鹏山编著，第52页，复旦大学出版社2012年版。

的产生。孟子一直都被视为"重义轻利"思想的代表者。但如果结合孟子言谈对象来看，孟子"重义轻利"思想主要是针对贵族统治者而言的，是反对他们只顾个人享受而忽视民情、民用的做法。对于广大民众，孟子还是充分肯定物质利益存在的合理性的，强调"有恒产者有恒心"，[①] 使百姓"仰足以事父母，俯足以畜妻子，乐岁终身饱，凶年免于死亡"。[②] 荀子更是把道德的终极目的视为"养人之欲"，如他说："故礼者，养也。"[③] 董仲舒则公开提出："天之生人也，使人生义与利。利以养其体，义以养其心。心不得义不能乐，体不得利不能安。"[④] 因为，人不能没有物质利益的欲望，没有它人就无法存活下去，同时人的欲望也不能过度，需要礼义加以节制："故圣人之制民，使之有欲，不得过节；使之敦朴，不得无欲。无欲有欲，各得以足，而君道得矣。"[⑤] 程朱理学的义利观略有扭曲，使义与利有对立化的倾向，但依然没有彻底否定感性需要存在的合理性。朱熹就说："若是饥而欲食，渴而欲饮，则此欲亦岂能无!"[⑥] 饮食代表了人基本的物质需要，而在朱熹看来，这些需要都是正当的，"饮食者，天理也"。[⑦] 在这方面，陆王心学表现得更开明，不仅把饮食之类的生理需要视为天理，也把高层次的情感需要当作天理的表现。如弟子问："乐是心之本体，不知遇大故于哀乐时，此乐还在否?"王阳明答道："须是大哭一番方乐，不哭便不乐矣。虽哭，此心安处，即是乐也，本体未尝有动。"[⑧] 人天性就是要追求快乐，这是"心之本体"（天理），因此，遇哀则不能不哭，哭然后心才乐。明清儒学则更是提出"理在欲中""义在利中"等重要的道德命题。王夫之就说："出义入利，人道不立；出利入害，人用不生。"[⑨] 这就把义与利统一了起来，使人们对利的追求接受义的指导，使人们对义的追求与满足现实物质需要联系了起来。戴震近乎使用了现代哲学语言概括了道德与内在自然的和谐关系：

---

① 《孟子·梁惠王上》，见《孟子新注新译》，杨逢彬著，第 31 页，北京大学出版社 2017 年版。

② 《孟子·梁惠王上》，见《孟子新注新译》，杨逢彬著，第 31 页，北京大学出版社 2017 年版。

③ 《荀子·礼论》，见《荀子译注》，张觉撰，第 394 页，上海古籍出版社 1995 年版。

④ 《春秋繁露·身之养重于义》，见《春秋繁露新注》，曾振宇、傅永聚注，第 188 页，商务印书馆 2010 年版。

⑤ 《春秋繁露·保位权》，见《春秋繁露新注》，曾振宇、傅永聚注，第 125 页，商务印书馆 2010 年版。

⑥ 朱熹：《周子之书》，见《朱子语类》（第三册），黎靖德编，杨绳其、周娴君校点，第 2156 页，岳麓书社 1997 年版。

⑦ 朱熹：《学七》，见《朱子语类》（第一册），黎靖德编，杨绳其、周娴君校点，第 200 页，岳麓书社 1997 年版。

⑧ 王阳明：《象山语录　阳明传习录》，杨国荣导读，第 284 页，上海古籍出版社 2000 年版。

⑨ 王夫之：《禹贡》，见《尚书引义》卷二，第 41 页，中华书局 1976 年版。

> 由血气之自然而审察之，以知其必然，是之谓理义。自然与必然
> 非二事也……若任其自然而流于失，转丧其自然而非自然也。故归于
> 必然适完其自然。①

"血气之自然"与道德之必然互为体用，有"血气之自然"才有道德之必然，有道德之必然才能满足"血气之自然"的需要。

以上两种和谐都是从理上说的，要使它们真正转变成现实，还需个体实践之努力，这就产生了"知行合一"的问题。孔子一向强调"知行合一"，他说："君子耻其言而过其行。"②"君子欲讷于言而敏于行。"③他认为，君子应当言行一致，所言不能超出其所行。《中庸》则把治学过程直接概括为知与行两大阶段："博学之，审问之，慎思之，明辨之，笃行之。"④前四者可统合为知，后一条则为行。荀子重视知识是众所周知的，但同样也很强调行的价值。他说："不闻不若闻之，闻之不若见之，见之不若知之，知之不若行之。学至于行之而止矣。"⑤又说："知之而不行，虽敦必困。"⑥这表明行既是知的终点，也是检测知是否正确的标准。程朱理学虽强调知对行的理性指导作用，但也都重视行为践履的意义。如朱熹说："方其知之而行未及之，则知尚浅。既亲历其域，则知之益明，非前日之意味。"⑦即认为，行不仅能使知转化为现实，也能深化知的内涵。王阳明的"知行合一"论可以说是对儒家知行观的总结。他说："知是行的主意，行是知的工夫；知是行之始，行是知之成。"⑧知是行的意识，行是知的最高层次；知为行中之知，行为知中之行，两者本质上是统一的。

四、儒家德性价值论与当代哲学价值论对话

自1980年杜汝楫先生提出价值问题以来，哲学价值论就一直是中国学界研究探讨的热点问题。就目前看，主要有两种针锋相对的观点，即李德顺先生的"主客统一"论与赖金良先生的"人道价值"论。"主客统一"论把价值界

---

① 戴震：《孟子字义疏证·理》，见《儒学精华》（下），张立文主编，第2295页，北京出版社1996年版。

② 《论语·宪问》，见《论语导读》，鲍鹏山编著，第247页，复旦大学出版社2012年版。

③ 《论语·里仁》，见《论语导读》，鲍鹏山编著，第61页，复旦大学出版社2012年版。

④ 《中庸》，见《图解四书五经》，崇贤书院释译，第23页，黄山书社2016年版。

⑤ 《荀子·儒效》，见《荀子译注》，张觉撰，第134页，上海古籍出版社1995年版。

⑥ 《荀子·儒效》，见《荀子译注》，张觉撰，第134页，上海古籍出版社1995年版。

⑦ 朱熹：《学三》，见《朱子语类》（第一册），黎靖德编，杨绳其、周娴君校点，第134页，岳麓书社1997年版。

⑧ 王阳明：《象山语录　阳明传习录》，杨国荣导读，第171页，上海古籍出版社2000年版。

定为："客体是否满足主体的需要，是否同主体相一致、为主体服务。"① 应该说，"主客统一"论价值观曾积极推动了哲学界的思想解放，提高了人的地位及其尊严。但主体需要是否就是衡量事物有无价值的唯一标准？它本身需不需要再被衡量？从经验生活看，人的需要多种多样，有合理的，如需要饮食、阳光、空气等；有的需要则不是合理的，如滥饮酒、吸烟、吸毒等。所以，仅以需要作为价值的唯一标准是不够的，以往之所以对这些问题重视不足，关键就在于过分局限于主客体思维模式，而不能更全面地考察人的本性。正因此，"主客统一"论价值观自从诞生以来虽赢得了众多支持者，但在理论界依旧能够不时地听到反对意见。其中，批判最激烈、也最有代表性的观点就是赖金良先生提出的"人道价值"论。他认为，仅以主客关系模式来解释价值本质不仅无助于揭示属于人的价值内涵，而且会使价值流变成纯粹的效用与功利；引起这种结果的理论根源，即在于没有慎重地考察"主体"与"人"两大概念的内在区别。在他看来，"主体"完全是对人的一种抽象，因为"按照'主客体相关律'，'主体'总是相对于'客体'而言的，就像'丈夫'总是相对于'妻子'而言的一样，一旦这种相对关系发生变化或消失，主体也就不成其为主体了，而人仍然是人。这说明所谓'主体'，实际上只是人的某种由特定关系所规定的存在方式或功能身份（角色），而这种人作为'主体'的存在方式或功能身份，不过是人的诸多存在方式或功能身份之一，至少，人同时还作为客体而存在"。② 换句话说，"主体"只是"人"在特定关系中的一种表现，因此以"主体"代替"人"来探讨属于人才具有的价值问题，本身就是一种异化。基于此，赖金良先生提出哲学价值论的人学基础问题："价值理论的轴心概念是'人'。这是一个简单而又基本的判断，它有两层意思。其一，价值理论以价值世界为研究对象，价值世界的轴心是人，价值研究及其理论建构的轴心概念也应该是'人'……其二，人是价值世界的轴心，同时也是价值世界的真正秘密所在，价值论研究的最后根基或'终极'基础是人学（人论）。"③ 而什么意义上的人才是非异化、现实中的人呢？他解释道："人之所以为人，之所以不同于其他事物，恰恰就在于，人是一个从自身出发并以自身为目的的自我生成、自我超越、自我实现的动态过程。"④ 更进一步说，人是一种两重化结构性的存在，一方面生活在现实世界，另一方面又生活在理想世界，两个世界既对立又统一，所以形成了人性不断超越的变化过程，于是价值

① 李德顺：《价值新论》，第32页，中国青年出版社1993年版。
② 赖金良：《哲学价值论研究的人学基础》，《哲学研究》2004年第5期。
③ 赖金良：《哲学价值论研究的人学基础》，《哲学研究》2004年第5期。
④ 赖金良：《哲学价值论研究的人学基础》，《哲学研究》2004年第5期。

便成了人需要的对象，反之则无所谓价值问题，如赖金良先生所说："所谓价值问题，从其直接的呈现形态来看，最重要的就是人类生活于其中的这两个世界如何协调或整合的问题。"①

应该说，赖金良先生对哲学价值论的人学基础的思考具有重大的理论意义，直接关涉哲学价值论合法性问题。但他对作为哲学价值论基础的人学内涵依然缺乏深入的分析。刘进田先生认为，作为价值本身的人既不是纯粹经验的人，也不是依据经验而产生的超越理想人，它是"每个人都有的'像所有的人'的层面，即无差别的共性的人"。② 在他看来，现实经验人只是中性的事实判断，不包含任何价值内涵。如马克思所说的人的本质是"社会关系的总和"，只"是对人的现实既有状态的反映，其对象是人的实然性而非应然存在。因此我们既可说善人是'社会关系的总和'，也可说恶人是'社会关系的总和'"。而建立在现实经验基础上的超越理想人同样不能成为价值本身，因为从具体经验事实超越出的人的理想事实，只不过是从具体事物到具体事物的超越，依然受制于经验世界的因果法则，从而人不能为自身行为负责，不能成为价值主体。因此，只有从经验时间态的人超越到非经验超时间态的人，才具有价值，如"超越自然因果锁链的主体价值；超越人的自然和社会差别的人道价值或人格价值；超越感性物欲的道德价值"③ 等。这说明作为价值主体的自我超越性在本质上不是经验具体的超越，而是从经验有限存在向绝对自由存在的超越。这就涉及另外两个问题：一是人的世界是否存在绝对自由；二是人能否获得绝对自由，如果存有绝对自由的话。

中西方文化对这些问题有着迥异的回答。在西方，由于受到基督教"原罪"思想的影响，人的自由更多局限在经验生活当中，用英国著名自由主义哲学家柏林的话说，属于"消极自由"范畴，即把自由局限在个人拥有不受公共权利或他人控制独立地作出选择和活动的范围。而对以自由意志追寻人生中道德尊严与创造意义的积极自由却始终处于怀疑的状态中。教父哲学家奥古斯丁虽承认了人有自由意志的权利，但又坦承在"原罪"状态下的人失去了这种先天能力。新教领袖路德则彻底取消了人获得自由意志的可能，把人的超越直接建立在上帝的恩典上。德国古典哲学的开创者康德虽通过实践理性把自由重新交付给人，但也只是为了让道德成为一门科学的预设。现代非理性主义哲学家叔本华、尼采都否认了自由意志人的存在。即便把自由作为自身理论体系基石的存在主义哲学家萨特也只把自由局限在经验生活层面，而对人是否具

① 赖金良：《哲学价值论研究的人学基础》，《哲学研究》2004 年第 5 期。
② 刘进田：《人作为价值本身是否可能——与赖金良先生商榷》，《研究哲学》2005 年第 11 期。
③ 刘进田：《人作为价值本身是否可能——与赖金良先生商榷》，《研究哲学》2005 年第 11 期。

有超验自由不置可否，因而他的自由哲学最终以宿命悲观的色彩而告终。与之相对，儒家德性价值论不仅承认人有绝对自由之本性，而且还以现实状态存在于人的一切活动中。首先，在"天人合一"理论思维的支撑下，儒家用"性"的概念把人与绝对自由的道体统合了起来，从而确认了人的绝对自由存在之本质。同时又认为，人的这种本质不是抽象的概念性本质，而是与人的情感需要紧密联系的，在某种意义上其实就是一种普遍无私的情感；它自觉自明，时刻体察并制约着人的活动，这就保证了人能在现实世界成为价值主体。尤其值得一提的是，儒家德性价值论还直接以和谐作为衡量人行为得失对错的标准。在其看来，人的需要产生于人自由之本性，而人的自由本性又来自于天道自然，因此，与自然、社会保持和谐关系是维护人自由本性的必要保障，只有这样，人的需要才可能得到最大限度的满足。从这些内容来看，儒家德性价值论对当代中国哲学价值论的发展无疑具有重大的启示意义。

第五章　儒家德性修养论

德性不只是对道德的认知，也是对道德坚定不移的践履，是知行合一而来的品性。这种品性需要人由内而外、由外而内不断循环反复砥砺才能慢慢涵养出来，儒家称之为"工夫"，是儒家德性思想的重要组成部分。

第一节　"不知命，无以为君子也"

道德修养与道德信念始终存在千丝万缕的联系。儒家德性修养思想概莫能外，一直将道德修养与"知命"关联起来，如孔子说："不知命，无以为君子也。"① "命"的概念在儒家思想中一般可分为两种：一是人无法控制的外在力量，如富贵、寿夭、贫贱等；二是人天生而有的道德本性。

"命，谓天之付与，所谓天令之谓命也。然命有两般：有以气言者，厚薄清浊之禀不同也，如所谓'道之将行、将废，命也''得之不得曰有命'是也；有以理言者，天道流行，付而在人，则为仁义礼智之性，如所谓'五十而知天命''天命之谓性'是也。二者皆天所付与，故皆曰命。"②

因此，儒家"知命"思想包含"知无法控制之命""知道德义命"及两者的关系这几层内涵。

儒家虽然非常推崇道德感化力量，但始终也清醒认识到世间很多事情不是道德力量所能驾驭的，如孔子所说："道之将行也与，命也；道之将废也与，命也。"③ 孟子也说过："行或使之，止或尼之。行止，非人所能也。吾之不遇鲁侯，天也。"④ 人的得失成败、富贵贫贱与其道德修养无必然联系，君子乃至圣人可能也无法获得理应享受的善待，如孔子一生为推行"道济天下"的

---

① 《论语·尧曰》，见《论语导读》，鲍鹏山编著，第 351 页，复旦大学出版社 2012 年版。
② 朱熹：《孟子十一》，见《朱子语类》（第二册），黎靖德编，杨绳其、周娴君校点，第 1307 页，岳麓书社 1997 年版。
③ 《论语·宪问》，见《论语导读》，鲍鹏山编著，第 254 页，复旦大学出版社 2012 年版。
④ 《孟子·梁惠王下》，见《孟子新注新译》，杨逢彬著，第 69 页，北京大学出版社 2017 年版。

理想，最终落得个如同"丧家犬"样的结局。那么，人究竟需不需要追求崇高的道德修养？这就是"知无法控制之命"的意义所在。《淮南子》有言曰：

> 君子为善，不能使福必来；不为非，而不能使祸无至。福之至也，非其所求，故不伐其功；祸之来也，非其所生，故不悔其行。内修极，而横祸至者，皆天也，非人也。①

人的祸福贵贱不能等同于人的道德修养，前者来自上天安排，非人力所能为，而后者取决于人自身。因此，道德修养的价值在于道德本身，不能企图利用道德修养去博取外在的功名利禄；反之，真正拥有道德修养的人面对外在得失应该能够保持恬淡安然的态度，甚至，可以视之为对自身修养的磨砺和检验：

> 故天将降大任于是人也，必先苦其心志，劳其筋骨，饿其体肤，空乏其身，行拂乱其所为，所以动心忍性，曾益其所不能。②

这说明"知无法控制之命"是要充分认识到道德修养的自身价值，是要把修养作为目的而不是手段。那么，道德修养又有何高贵值得我们付出这么大的代价，这就转向了"知道德义命"。在儒家看来，"道德义命"是人从上天那里所秉承而来的本性，是人之为人的根本：

> 人受命于天，固超然异于群生，入有父子兄弟之亲，出有君臣上下之谊……故孔子曰"不知命，无以为君子也"，此之谓也。③

因此，"知道德义命"就是知人与其他生物的区别，知道人之为人的本质，从而要求自己要以人的方式存在。朱熹曾引用程颐的话说："知命者，知有命而信之也。人不知命，则见害必避，见利必趋，何以为君子？"④ 就是说，人不"知道德义命"，就一定堕落成与动物相似的趋利避害生存模式，就不可能有"善"的存在，所以"知道德义命"的内驱力就是追求人自身应该的存在方式或者说人格尊严。汉代成书的《韩诗外传》也说：

> 子曰："不知命，无以为君子。"言天之所生，皆有仁义礼智顺善之心。不知天之所以命生，则无仁义礼智顺善之心。⑤

---

① 《淮南子·诠言训》。
② 《孟子·告子下》，见《孟子新注新译》，杨逢彬著，第353页，北京大学出版社2017年版。
③ 《汉书·董仲舒》。
④ 朱熹：《论语章句·尧曰》，见《儒学精华》（上），张立文主编，第66页，北京出版社1996年版。
⑤ 韩婴：《韩诗外传》卷六，见《韩诗外传笺疏》，第553页，巴蜀书社1996年版。

这说明人的道德修养必须建立在"知命"基础上，不知道"天之所以命生"就不知道人本应以道德方式存在，则失去追求道德修养的依据。

从整体上看，"知无法控制之命"与"知道德义命"是儒家"知命"思想的一体两面。不"知无法控制之命"就不会明白道德义命的价值，不"知道德义命"也就失去"知无法控制之命"的必要性。为更好地阐明两者的关系，孟子进一步对两者进行了区分：

> 口之于味也，目之于色也，耳之于声也，鼻之于臭也，四肢之于安佚也，性也；有命焉，君子不谓性也。仁之于父子也，义之于君臣也，礼之于宾主也，知之于贤者也，圣人之于天道也，命也；有性焉，君子不谓命也。①

在这里，孟子将"无法控制之命"称为"命"，将"道德义命"称为"性"，且强调只要是君子都会这样认为的。君子在儒家代表着崇高的道德修养，与之相对则是小人："体有贵贱，有大小。无以小害大，无以贱害贵。养其小者为小人，养其大者为大人。"② "大体"代表"道德义命"，"小体"指的就是"无法控制之命"。因此，在儒家看来，人的道德本性修养要比外在的祸福、贵贱重要，因为前者充分体现了人之为人的高贵。因此，孟子要求人"存其心，养其性"，③ 并做到"殀寿不贰，修身以俟之"④ 的"立命"境界。这说明了儒家"知命"思想实质代表着要以"道德义命"来克服外在"不可控制之命"对人道德信念的干扰，使人始终把追求自身德性的卓越作为人生的终极价值目标。

第二节 "尊德性而道问学"

修身成就的是一种品格和人生境界，但不代表与知识毫无关联，如《中庸》云："君子尊德性而道问学，致广大而尽精微。"⑤ 说明修养离不开知识学习。《大学》亦云："欲修其身者，先正其心。欲正其心者，先诚其意。欲诚其意者，先致其知。致知在格物。"⑥ "正心""诚意"这些修养工夫必须建立

---

① 《孟子·尽心下》，见《孟子新注新译》，杨逢彬著，第405页，北京大学出版社2017年版。
② 《孟子·告子上》，见《孟子新注新译》，杨逢彬著，第320页，北京大学出版社2017年版。
③ 《孟子·尽心上》，见《孟子新注新译》，杨逢彬著，第356页，北京大学出版社2017年版。
④ 《孟子·尽心上》，见《孟子新注新译》，杨逢彬著，第356页，北京大学出版社2017年版。
⑤ 《礼记·中庸》，见《礼记译注》，杨天宇撰，第708页，上海古籍出版社2004年版。
⑥ 《礼记·大学》，见《礼记译注》，杨天宇撰，第800-801页，上海古籍出版社2004年版。

在"格物""致知"基础上。

格物致知其实就是学的过程。儒家自古就注重道德知识的学习。孔子说："好仁不好学，其蔽也愚；好知不好学，其蔽也荡；好信不好学，其蔽也贼；好直不好学，其蔽也绞；好勇不好学，其蔽也乱；好刚不好学，其蔽也狂。"[①]他认为学是君子立德之本，"君子学以致其道"。[②]荀子更是把学作为"涂之人可以为禹"的内在依据，他说：

> 凡禹之所以为禹者，以其为仁义法正也。然则仁义法正有可知可能之理，然而涂之人也，皆有可以知仁义法正之质，皆有可以能仁义法正之具，然则其可以为禹明矣。[③]

儒家对学有各种特殊的要求：一是博学多识，"多闻，择其善者而从之；多见而识之"；[④] 二是谦逊好问，态度端正，"知之为知之，不知为不知"，[⑤] "好察迩言"[⑥]；三是持之以恒，"有弗学，学之弗能，弗措"，[⑦] 只有"积学而不息"，才能"积善成德，而神明自得，圣心备焉"。[⑧] 思则是儒家对学的一种理性提升和要求，从而使所学知识一以贯通，形成体系。如孔子说："学而不思则罔，思而不学则殆。"[⑨] 意即只学习不思索，会越学越迷惑；只思考不学习，也不可能思索出什么有价值的东西。孟子也说："心之官则思，思则得之，不思则不得也。"[⑩] 荀子对思进一步提出了"虚壹而静"的原则，让人不要因已有的知识观念和主观幻想影响对事物本质的认识。

当然，儒家的格物致知不能简单等同于现代的科学认知，而是一种较为特殊的道德认知，其目的是体察出人先天就有的善良本性："致知在格物，物固不可胜穷也，反身而诚，则举天下之物在我矣。"[⑪] 可见，格物致知最终还是要回到自家德性。

---

① 《论语·阳货》，见《论语导读》，鲍鹏山编著，第307页，复旦大学出版社2012年版。
② 《论语·子张》，见《论语导读》，鲍鹏山编著，第335页，复旦大学出版社2012年版。
③ 《荀子·性恶》，见《荀子译注》，张觉撰，第510—515页，上海古籍出版社1995年版。
④ 《论语·述而》，见《论语导读》，鲍鹏山编著，第119页，复旦大学出版社2012年版。
⑤ 《论语·为政》，见《论语导读》，鲍鹏山编著，第25页，复旦大学出版社2012年版。
⑥ 《中庸》，见《图解四书五经》，崇贤书院释译，第12页，黄山书社2016年版。
⑦ 《中庸》，见《图解四书五经》，崇贤书院释译，第23页，黄山书社2016年版。
⑧ 《荀子·劝学》，见《荀子译注》，张觉撰，第6页，上海古籍出版社1995年版。
⑨ 《论语·为政》，见《论语导读》，鲍鹏山编著，张觉撰，第24页，复旦大学出版社2012年版。
⑩ 《孟子·告子上》，见《孟子新注新译》，杨逢彬著，第322页，北京大学出版社2017年版。
⑪ 杨时：《龟山集·题萧欲仁大学篇后》，第4页，商务印书馆1934—1935年影印本。

第三节　"养心莫善于寡欲"

个体德性修养与欲望既是统一的也是矛盾的，所以为了提升修养，在必要的时候不得不对个体欲望进行适当的限制，如孔子说："克己复礼为仁。"① 孟子直称"养心莫善于寡欲"。② 而克制人的欲望就要不断拷问节欲的合理性，在某种意义上这是对"克己"活动内在根据的自我盘问。儒家认为，人有七情六欲，但会受到道义的节制，这一点与只会追逐欲望满足的禽兽不同。孟子说：

> 生亦我所欲，所欲有甚于生者，故不为苟得也；死亦我所恶，所恶有甚于死者，故患有所不辟也。③

求生恶死是动物最大的本能，而人却有超越生死的好恶，这就是义。表现在德性上，就是孟子所说的"良知""良能"。因此，儒家坚信人只要认真地体察，就能感受到这种属于人的特有本质："人人有贵于己者，弗思耳。"④ 儒家认为，人人都有先验存在的"良知""良能"，只是不善于反思罢了。人若能"见贤思齐焉，见不贤而内自省也"，⑤ 就一定能够体察到人的善良本性。"慎独"则是对这种修行内容高度自觉的体认："所谓诚其意者，毋自欺也。如恶恶臭，如好好色，此之谓自谦。故君子必慎其独也。"⑥ 人应如同厌恶臭味、喜欢美色那样近乎本能地遵守道德规范。在没有任何约束和监督下，也能始终保持仁心，消除一切不善的意念。朱熹说："幽暗之中，细微之事，迹虽未形而几则已动，人虽不知而己独知之，则是天下之事，无有著见明显而过于此者，是以君子既常戒惧，而于此尤加谨焉。所以遏人欲于将萌，而不使其潜滋暗长于隐微之中，以至离道之远也。"⑦ 可见，"慎独"就是"良知""良能"体察的自觉，使其视道德为自我发展、解放之路，而不是遏制自由的绊脚石。

---

① 《论语·颜渊》，见《论语导读》，鲍鹏山编著，第189页，复旦大学出版社2012年版。
② 《孟子·尽心下》，见《孟子新注新译》，杨逢彬著，第414页，北京大学出版社2017年版。
③ 《孟子·告子上》，见《孟子新注新译》，杨逢彬著，第316页，北京大学出版社2017年版。
④ 《孟子·告子上》，见《孟子新注新译》，杨逢彬著，第324页，北京大学出版社2017年版。
⑤ 《论语·里仁》，见《论语导读》，鲍鹏山编著，第58页，复旦大学出版社2012年版。
⑥ 《大学》，见《图解四书五经》，崇贤书院释译，第5页，黄山书社2016年版。
⑦ 朱熹：《中庸章句》，见《儒学精华》（上），张立文主编，第77页，北京出版社1996年版。

第四节 "修己以安人"

　　与佛、道两教不同的是，儒家德性修养的目标始终指向现世社会，讲求"齐家""治国""平天下"，对超世间的彼岸世界以及纯粹的个人解脱没有兴趣。早在孔子时代，他的弟子就问过如何成为有修养的君子，孔子的回答是"修己以敬""修己以安人""修己以安百姓"。① 人不仅要恭敬严肃地对待修身，更要把这种修养工夫扩展到他人乃至整个社会；这既是德性修养的目标和意义，更是提升修养、超越自我的方式。

　　儒家"修己以安人"主要表现在构建良好的社会人际关系。孔子就说："天下之达道五，所以行之者三。曰：君臣也，父子也，夫妇也，昆弟也，朋友之交也。"② 这五种人伦关系是通行天下的大道，是每个人都不可以摆脱的社会秉性，因此，修身必须遵循维护这些人伦关系的道德规范，如孝、悌、忠、信等。它们之间也存在本末主次的关系，"孝弟也者，其为仁之本与？"③只有先处理好与父母兄弟的关系，才有可能处理好与他人的关系，因此，儒家"安人"途径强调由近及远、由亲及疏："亲亲而仁民，仁民而爱物。"④ 对待其他人则主张践行"忠恕"之道。"忠"，就是"己欲立而立人，己欲达而达人"，⑤ 自己想事业通达，也要帮助别人事业通达。"恕"，就是"己所不欲，勿施于人"，⑥ 自己不想要的东西，也不要强加到别人身上。两者综合在一起的意思无非就是要人在处理人际关系时互相体谅、尊重，经常换位思考一下彼此的需要，唯有如此才有可能形成和谐的人际关系。

---

① 《论语·宪问》，见《论语导读》，鲍鹏山编著，第259-260页，复旦大学出版社2012年版。
② 《中庸》，见《图解四书五经》，崇贤书院释译，第21页，黄山书社2016年版。
③ 《论语·学而》，见《论语导读》，鲍鹏山编著，第2页，复旦大学出版社2012年版。
④ 《孟子·尽心上》，见《孟子新注新译》，杨逢彬著，第386页，北京大学出版社2017年版。
⑤ 《论语·雍也》，见《论语导读》，鲍鹏山编著，第100页，复旦大学出版社2012年版。
⑥ 《论语·卫灵公》，见《论语导读》，鲍鹏山编著，第276页，复旦大学出版社2012年版。

第六章　儒家德性思想与现代社会

德性曾是中国人精神世界的"上帝"，支配着中国人的一切价值追求，甚至现实的政治结构，因此，离开德性观念是无法理解中国古人所创造的灿烂文化的，如同离开理性就无法读懂西方文化一样。但随着中国现代化历程的展开，儒家精心构建的德性思想受到了前所未有的批判乃至全盘否定，于是，就产生了儒家德性思想究竟能否继续生存在现代价值世界中的追问。

第一节　儒家德性思想与现代伦理

随着中国经济的高速发展，道德滑坡作为一种共识现象为世人所认知。为什么经济生活水平的提高并不能直接带动人们道德水准的提高呢？很多学者把研究目光转向传统道德资源，期盼从中找到产生该现象的原因。早在 20 世纪 80 年代，台湾学界就针对公民道德素质与经济水平的不和谐发展展开了一次"建立第六伦"的大讨论。他们认为中国传统道德只涉及包含"五伦"关系的私德，而对与己没有任何直接关系的陌生人缺乏有效的公德准则约束。因此，在经济高速发展、公共生活日益占主导地位的社会情况下，人们无法从传统道德习俗中寻找到既定的准则来约束自己与陌生人的行为关系，所以引发了社会秩序紊乱、人际关系紧张、假冒商品泛滥等一系列不道德现象的产生。为此，他们要求努力建设"第六伦"，即处理群己关系的公德准则，以使人们在对待无任何血缘地缘关系的陌生人时同样彼此尊重、相互关心。这种认识不仅在台湾引起了很大反响，而且对大陆学界也造成了巨大影响，成为解释中国当前经济与道德不和谐发展的一种重要的理论观点。如叶文宪教授说："中国人并不是没有道德，我们有良好的私德，只是缺少一点社会公德而已。随着社会的开放与进步，随着商品与市场经济的发育成长，重新构建儒家伦理学说和传统道德体系所缺乏的社会公德的任务已经历史性地落在我们身上了。"[①] 何怀宏先

---

① 叶文宪：《儒家伦理道德体系的缺失与社会公德的重建》，《苏州科技学院学报（社会科学版）》，2004 年第 2 期。

生可以说是这方面的权威代表，在评价自己的代表作《良知论》时，他说：
"所要着力说明的，与其说是良心，不如说是义务，即要作为一个社会的合格
成员，一个人所必须承担的义务，书中所说的'良心'主要是指对这种义务
的情感上的敬重和事理上的明白———一种公民的道德义务意识、道德责任
感。"① 就是说，当代中国伦理建设的专注点不应是"作为个人修养最高境界、
具有终极关切的良心"，② 而是底线上的、能约束社会共同体所有成员的公共
价值标准。它不受任何具体条件的约束（如血亲关系、政治地位、道德境界
等），是每一个生活在当代的人必须无条件遵守的，代表着人与禽兽的分界。
更具体地说，"孔子'己所不欲，勿施于人'的忠恕之道，是对这一底线伦理
的一个最好概括：你不想被偷、被骗、被抢、被杀、被强制和被伤害，那么，
你也不能如此对别人做这些事"。③ 应该说，加强社会公德建设在当代中国是
必要的，但是否能只局限在道德规范的建构上，而完全忽视公民德性素质涵养
呢？答案应该是否定的。首先，是否存在绝对普遍的"底线规则"就是一个
很大的问题；即使"己所不欲，勿施于人"这一被许多人视作道德金律的规
范也不一定具有普遍性。假如一个人一时冲动想要自杀，我是应该尊重他的选
择，还是使用强制手段（尽管我不愿意别人这样对我）制止这种行为呢？就
一般情况来说，后一种行为通常被视为道德的。美国伦理学家拜尔则把这些公
认的例外理解成规则本身必然包含的一部分，他说：

> 在我们的道德中，"你不应杀人"这一规则有某些公认的例外，
> 其中有"出自自卫"。我们可以说，如果一个人不懂得这一规则有某
> 些公认的例外，其中也有这一例外的话，那么，他也就不完全懂得我
> 们所说的"你不应杀人"的规则。④

他又说：

> 诸如，"你不应杀人""你不应残忍""你不应撒谎"这类原则，
> 在某种其他意义上，明显是同样有利于每个人的善的。这种意义是什
> 么？如果从道德观点来看这些规则，这一意义就一目了然了，这就是
> 一种独立的、无偏见的、公道的、客观的、冷静而又无私的旁观者的
> 观点。采取这样一种上帝之眼的观点，我们可以看到，每个人都应遵

---

① 何怀宏：《底线伦理》，第3页，辽宁人民出版社1998年版。
② 何怀宏：《底线伦理》，第3页，辽宁人民出版社1998年版。
③ 何怀宏：《底线伦理》，第192页，辽宁人民出版社1998年版。
④ 拜尔：《道德观点》，见《20世纪西方伦理学经典》（第一卷），万俊人主编，第438页，中国
人民大学出版社2004年版。

守"你不应杀人"这一规则，同样有利于每个人的利益。①

就是说，尽管存在例外，如"自卫杀人"，"你不应杀人"也依然具有普遍性，因为"自卫杀人"的道德根据还是"你不应杀人"。如果不存在"你不应杀人"的道德规范，"自卫杀人"的合理性也就不存在了。那么，作为例外的"自卫杀人"就不应作为"你不应杀人"的反例而存在，而应视作"你不应杀人"在现实生活中的补充说明。进一步说，"你不应杀人"的道德合法性不在现实经验生活中的举例论证而主要来源于理性的客观，即：诸如"你不应杀人"之类的道德规范是人立于无偏见、公道角度思考的产物，超越了个体特定利益的立场，从而能成为人们共同的善。但在现实生活中，如何才能形成"上帝之眼"的观点，而不是个体功利态度呢？针对这个问题，哈贝马斯提出了"对话伦理学"原则："在一个实际的对话活动中，所有参与者都认可的那些规范才能被认为是有效的，而一切规范都同等地具有被接受的可能性，实际的决定权在于对话的参与者。"② 就是说，规范的合理性不能依附在笛卡儿式的自我意识清楚明白上，而只有通过"交互主体性"的对话来逐渐形成。

但是，道德对话就一定能形成共同被接受的观点吗？麦金太尔曾这样来描述当代道德争论的特征："当代道德言词最突出的特征是如此多地用来表述分歧，而表达分歧的争论的最显著特征是其无终止性。我在这里不仅是说这些争论没完没了——虽然它们确是如此，而且是说它们显然无法找到终点。"③ 这说明道德对话不但不一定形成一致的观点，反而会加深彼此之间的分歧。如前不久网站上关于女子生命权与贞洁权问题的争论，就典型地反映了这一点。一个女子在面临强暴的情况下，是应把生命权放在首位还是贞洁权？正方的观点：生命是一切权利的载体，失去生命人的一切价值也就不存在了，因此，生命权高于贞洁权。反方的观点：贞洁权代表人的人格尊严，失去人格尊严的生命存在就没有任何价值意义，因此，贞洁权高于生命权。笔者无意加入这样的争论。但从辩论逻辑来看，双方虽都试图根据道德第一原则来论证自己观点的可靠性，但对这些武断的道德原则的合法性却始终处于"失语"状态，即无法提供出一个公共的合理标准来说服对方接受自己的观点。那么，既然双方都不能诉诸任何充足的理由来反对对方观点，就意味着彼此都缺乏充足的理由。因此，在辩论双方立场的背后，我们能发现某些非理性的自我偏好在支配着他们的意志，只要这些偏好是相互对立的，这种争论将永远不可能有一个完美的

---

① 拜尔：《道德观点》，见《20世纪西方伦理学经典》（第一卷），万俊人主编，第438页，中国人民大学出版社2004年版。

② 李红：《对话伦理学：一种形式上的普遍伦理学》，《中国人民大学学报》，2006年第6期。

③ 麦金太尔：《德性之后》，龚群、戴杨毅等译，第9页，中国社会科学出版社1995年版。

结局，更不可能从中超越出一个"上帝之眼"的观点。

问题还在于如何来理解人的需要与意志。我们的需要是否纯粹取决于个体意愿，在各自不同需要背后是否还存在着共同的需要和目的。由于受到西方自由主义思潮的影响，纯然自由的现代性自我观念已深入人心，它赋予人自由选择的绝对权利，如选择那种他想成为的那种人、选择他喜欢的生活方式等等。这种思想虽高扬了人的个性，但也消解了人共有的目的，使人产生"生命不可承受之轻"的道德困境。因此，要解决当代道德困境，除努力建构"底线规则"来强化道德观念对人行为的约束外，加强公民德性素质的培养也是一项紧迫的任务，因为没有德性就不可能使人跳出自我的偏好，以形成"上帝之眼"的客观公正的普遍目的。与西方自由精神相对，儒家虽也强调自由，但这种自由不仅仅是个体自由意志，而是意志符合人必然本性的活动。就是说，儒家一直认为在个体意志之中，有一必然的价值秩序制约着它，并为人的好恶之善恶提供了一个客观标准。巧合的是，上述贞节权与生命权问题的争论也曾发生在中国古代。我们不妨对照一下当时争论的情况。

"饿死事极小，失节事极大"是儒家文化对这种争论的基本认定。此语出自《河南程氏遗书》卷二十二，又见《朱子近思录》卷六，是程颐与某人的一段对话：

> 问："孀妇，于理似不可取，如何？"曰："然。凡取以配身也。若取失节者以配身，是己失节也。"又问："或有孤孀贫穷无托者，可再嫁否？"曰："只是后世怕寒饿死，故有是说。然饿死事极小，失节事极大。"①

这种观点在后世被应用到现实中之后，对女性所造成的伤害非常大，这是我们必须要知道的。如果站在这个角度来看，它自然需要批判。但是，我们更应该分清楚程颐说此话时的情境与态度。在中国封建社会，妇女的社会职责主要就是服侍父母公婆、照顾好丈夫和子女。判断女子有无德操就是要看她是否能够履行这些社会职责，而一旦女子改嫁也就无法承担起这些职责，从这来看，无疑贞节权高于生命权。然而，在现实生活中总有例外情况的出现，如丈夫去世了，女子又无经济上的保障，那么，是否应该改嫁？从上面引文来看，程颐的态度比较模糊，唯一担心的是女子完全从个体名利或生死问题考虑而放弃节操，如果因为饥寒而失去人生的原则，那么，便可以在遇到危难的时候出卖灵魂，这无论如何是不值得提倡和赞扬的。相反，如果从更好地履行社会职责角度来考虑改嫁问题，这在程颐看来也是容许的。他的外甥女丧夫之后，他怕姐

---

① 朱熹：《朱子近思录》，吕祖谦撰，严佐之导读，第82页，上海古籍出版社2000年版。

姐过度悲伤，就把外甥女接到家中，然后再嫁给他人："既而女兄之女又寡，公惧女兄之悲思，又取甥女以归，嫁之。"① 朱熹也赞扬程颐"取甥女以归，嫁之"的做法："问：'取甥女归嫁一段，与前孤孀不可再嫁相反，何也?'曰：'大纲恁地，但人亦有不能尽者。'"② 就是说，从价值理念来看，贞节权高于生命权，但并不代表在现实生活中不存有特殊的例外，关键要看这种例外是为了更好地维护合理的价值理念，还是彻底地背叛价值理念。可见，在考察贞节权和生命权的关系时，儒家始终把立场建构在特定的社会秩序或"天理纲常"上，而不是个体非理性的偏好，因而，能够为所选择的道德原则提供合理的论证。这种价值思维模式从根本上说来源于儒家的德性观念，而这正是现代伦理建设最需要借鉴和学习的。正如麦金太尔在《德性之后》一书中所分析的，整个人类社会正是依靠德性传统维系成一个延续的从过去至现在到未来的人类生活整体。现代西方社会正是由于丢失了亚里士多德的德性传统，中断了过去社会有价值的文化，导致产生人的心灵扭曲、道德失落的道德困境。这给我们后起现代化的中国以有益的道德警示。现代化绝不是隔离传统，而是延续、活化传统。日本、新加坡就是把东方道德文化与现代化成功结合的典范。儒家拥有丰富的德性文化资源，如能合理地与现代经济社会的需要加以整合，将是中华民族一大幸事。

第二节　儒家德性思想与"经济人"观念

"经济人"观念是西方经济学理论的根基，它始于道德哲学的人性善恶之争，是近现代西方思想家对人性的一种特别理解。尽管"经济人"的概念是19世纪末的意大利经济学家帕累托正式提出的，但人们总是把它与斯密的名字联系在一起。在《国富论》中，斯密这样描述了"经济人"的行为特征："由于他管理产业的方式目的在于使其生产物的价值能达到最大程度，他所盘算的也只是他自己的利益。在这场合，象（像）在其他许多场合一样，他受着一只看不见的手的指导，去尽力达到一个并非他本意想要达到的目的。也并不因为事非出于本意，就对社会有害。他追求自己的利益，往往使他能比在真

---

① 朱熹：《朱子近思录》，吕祖谦撰，严佐之导读，第82页，上海古籍出版社2000年版。
② 朱熹：《程子之书二》，见《朱子语类》（第三册），黎靖德编，杨绳其、周娴君校点，第2222页，岳麓书社1997年版。

正出于本意的情况下更有效地促进社会的利益。"① 这里，斯密提出了"经济人"行为的"最大化原则""自利原则""公益原则"，这些都是"经济人"最重要、最基本的假设。它说明"经济人"就是能够按照理性计划、追求自身经济利益最大化并能最终实现社会整体利益的人。但随着市场经济的发展，"经济人"的观念越来越受到批判。按照科斯洛夫斯基的观点，斯密的善意理解只有在"全面竞争和无代价地履行合同"等理想条件下才能实现，但是"这种条件在市场经济的现实中是不能得到满足的。市场不是新古典的普遍平衡理论强加给它的那种理想的机制，而是行为的和相互理解的个人之间的共同行为关系。在这种交换关系中经济的伦理学是必要的。"② 也就是说，直接的"经济人"行为不能保证个体利益的最大化及与整体利益的统一，必须要有相应的道德环境才能真正实现斯密的观点。这也说明道德伦理对经济活动不仅不显得多余，而且有益无害。

但是，如何使"经济人"放弃自利原则而愿意接受非功利的道德原则呢？这是经济伦理学的一个根本问题。在西方，强调经济活动中的道德观点主要是建立在功利基础上的，即把道德存在理解成人对长远利益的考虑。换言之，人之所以放弃眼前的利益而选择道德的生活方式，是由于相信这种选择可以为他们带来更大的利益；反之，人就会放弃道德而选择功利。但从理论来看，这种功利主义道德观是不能成立的。因为，人既然可以用利益得失来证明我们需要道德，同样也可以用它来证明我们不需要道德，毕竟有时不讲道德要更划算。也就是说，如果以功利作为道德的基础，就会消解道德的普遍性，从而失去它的合法性和生存依据。鉴于此，科斯洛夫斯基在经济伦理学中引进了宗教观念，他说："道德行为中的担保和信任仅仅从伦理学中是不能获得的，而只有通过宗教对道德的论证才能获得。宗教向主体担保，道德和幸福是长期一致的，例如康德是以请愿的形式，柏拉图是以善的理念和死亡法庭对待灵魂神话的形式。当个人由于对其他人的行为无把握而处于孤立和囚徒困境的情况时，宗教可以使行为在伦理学的安全保护下得以进行。"③ 他认为，在人人逐利的情况下，要让人相信道德应该被普遍遵守，就只能依靠上帝的信仰——遵守道德会得到上帝的褒奖，违背道德就会迎来上帝的惩罚。这无疑是针对基督教世界提出的，对中国人则处于失效状态。

关于儒家价值观与市场经济的关系，最早是由韦伯提出的。他通过对中西

---

① 亚当·斯密：《国民财富的性质和原因的研究》（下），郭大力，王亚南译，第27页，商务印书馆1974年版。

② 科斯洛夫斯基：《伦理经济学原理》，孙瑜译，第21页，中国社会科学出版社1997年版。

③ 科斯洛夫斯基：《伦理经济学原理》，孙瑜译，第31—34页，中国社会科学出版社1997年版。

方价值观的比较研究，得出新教的价值观有利于市场经济的产生和发展，而中国儒家的价值观不仅不利于市场经济，反而会阻碍其发展的结论。这就是所谓的"韦伯命题"。然而，20 世纪 70 年代，以儒家文化为背景的"亚洲四小龙"的崛起，使得"韦伯命题"遭遇了挑战，因为"亚洲四小龙"就是凭依儒家价值观作为强大的内在动力而产生了"儒家资本主义市场经济"，取得了令人瞩目的成就。于是，人们提出了"韦伯反命题"，即儒家价值观不仅不会阻碍，反而能促进市场经济的发展。这种争论可能还要继续下去，但就伦理经济学层面来看，笔者相信儒家德性价值观还是能够与现代经济社会相融的。

以孔子为代表的儒家文化，非常关注人物质需要的满足，但一定要"见利思义"，并强调"义以生利"。这就考虑到过度地追逐私利可能导致整个社会分崩瓦解的结局。"诚"的观念可能是儒家对伦理经济学最好的概括。许慎在《说文解字》中说："诚者，信也。从言，成声。"[1] 可见，"诚"的基本含义就是"信"，即遵守诺言和既定的规则。反之，违背诺言和规则，就是不"信"、不"诚"。因此，儒家把"诚"与礼紧密地结合了起来，如张载说：

> 诚意而不以礼则无征，盖诚非礼无以见也。诚意与行礼无有先后，须兼修之。诚谓诚有是心，有尊敬之者则当有所尊敬之心，有养爱之者则当有抚字之意，此心苟息，则礼不备，文不当，故成就其身者须在礼，而成就礼则须至诚也。[2]

礼是判断人有无诚意的客观标准，而诚意是保证礼仪规范切实被人践履的内在根据，因此，人要"成就其身"就必须"诚"礼兼修。这就把人对道德规范的遵守从功利状态超越到内在德性。它要求人始终真实无妄地对待自己和他人，既不能欺骗别人，也不能欺骗自己。欺骗别人比较好理解，就是把好的说成坏的、真的说成假的，言不符实即为不诚。而欺骗自己在儒家看来也是不诚的表现，它充分表现了儒家对道德规范遵守的超功利状态。《大学》就说："所谓诚其意者，毋自欺也。"[3] 但究竟何谓自欺呢？朱熹说："譬如一块物，外面是银，里面是铁，便是自欺。须是表里如一，便是不自欺。"[4] 又说："外面虽为善事，其中却实不然，乃自欺也。"[5] 在现实生活中，道德规范总有自

---

①　桂馥：《说文解字义证》，第 196 页，齐鲁书社 1987 年版。

②　张载：《经学理窟·气质》，见《张载集》，章锡琛点校，第 266 页，中华书局 1978 年版。

③　《大学》，见《图解四书五经》，崇贤书院释译，第 5 页，黄山书社 2016 年版。

④　朱熹：《大学三》，见《朱子语类》（第一册），黎靖德编，杨绳其、周娴君校点，第 292 页，岳麓书社 1997 年版。

⑤　朱熹：《大学三》，见《朱子语类》（第一册），黎靖德编，杨绳其、周娴君校点，第 292 页，岳麓书社 1997 年版。

身的局限，当出现规范与事实不相吻合的情况时，我们如果继续遵守规范自然不能说是不合理的，但这与道德规范的终极目的又相违背，因此，我们若能主动地做出调整，使规范与事实真正地统一起来，就达到了朱熹所言"不自欺"的境界。如双方在某时签订了协议，根据当时的价格应该是互利的，但后来由于原材料等价格上涨，有一方如果继续按照协议价格销售或购买的话必然亏损，因此，如能在此时适当地修改协议应该说是善的、有诚意的。这说明儒家"诚"的经济伦理学不只是拘泥在简单规则的遵守层面，也上升到对善本身的理解。这导致儒家"诚"的经济伦理学具有一种超越精神，即存有类似"上帝"这种宗教精神支撑人信服的道德原则。

关于儒学能否成为一种宗教的争论已存有许多年。从历史事实来看，儒学即便不是宗教，但也存有类似宗教的功能的看法应该能够成立，如宋志明先生说："我认为儒学不是宗教，但承认儒学在功能上与宗教确有相似之处。"[①] 而这种相似性集中体现在对人精神生命的安顿上。宗教主要通过至上神的承诺来使人坚信善有善报的道德信念。儒学虽不存有外在的人格神，但对道的执着依然能够召唤起人对德的信念。王夫之就说："德无所不凝，气无所不彻，故曰'在我'。"[②] 意思是，人的德性能够永久地凝结起来，并通过气往来不息于天地之间，垂功于万世。这种以德立命的超越情怀，同样可以净化人的心灵，使人能克服一切外在的艰难，确立起"富贵不能淫，贫贱不能移，威武不能屈"[③] 的"大丈夫"境界。而儒家"诚"的观念在终极意义上就是道的化身，如《中庸》云："诚者，天之道也；诚之者，人之道也。"[④] 它生天生地，创造了整个世界，是宇宙生成发展的根本："天地之道，可一言而尽也。其为物不贰，则其生物不测。"[⑤] 朱熹解释道："天地之道，可一言而尽，不过曰'诚'而已。不贰，所以诚也。"[⑥] 这表明人只要按照"诚"的标准去履行职责，就可以达到如同天道的境界，发育流行而又永无止境。

---

① 宋志明：《论儒学与宗教的异同》，《教学与研究》2007年第2期。

② 王夫之：《船山思问录》，严寿澂导读，第85页，上海古籍出版社2000版。

③ 《孟子·滕文公下》，见《孟子新注新译》，杨逢彬著，第171-172页，北京大学出版社2017年版。

④ 《中庸》，见《图解四书五经》，崇贤书院释译，第23页，黄山书社2016年版。

⑤ 《中庸》，见《图解四书五经》，崇贤书院释译，第25页，黄山书社2016年版。

⑥ 《中庸》，见《图解四书五经》，崇贤书院释译，第25页，黄山书社2016年版。

第三节　儒家德性思想与现代理性

理性曾一直是西方价值观的核心，但随着时代的变迁，它在当代受到越来越多的批判与解构。从历史根源看，这场批判运动的兴起与近现代理性神话的缔造有着直接关系。众所周知，西方理性主义是由启蒙精神逐渐培养起来的，本来意在否定造成世间迷信和蒙昧之根源的神，以便使世俗社会真正成为属于人的世界。但是，随着思辨哲学的发展，理性逐渐走向自身的反面，成为类似造物主的"世界理性""绝对精神"，从而又成为贬斥、压抑人情感、意志的无人身的神。更为严重的是，这种理性主义又常常成为权利者压制不同思想观念、不同文化和种族的借口，因而，在德里达看来，这种理性主义是一种极权主义。在某种意义上，当代西方多元化思潮的产生就是对传统理性这种认识和解构的结果。但是，任何一种有价值意义的事物如果仅仅停留在多元分化的层面上，我们除惊叹人类自身巨大的反省批判能力之余，无疑会掉入虚无主义的陷阱中，直至失去自我批判之资格。有鉴于此，当代西方一些有识之士正积极寻找一条由多元走向统一的思想之路，哈贝马斯无疑是其中最为杰出的代表者之一。就其观点看，他一方面接受许多理性主义批判者的观点，认为传统理性主义确实具有许多不光彩的阴暗面，但是又反对他们据此就彻底地否定理性价值的倾向。为此，哈贝马斯更关注如何重建传统理性主义，并认为传统理性主义的过失主要缘于理性的使用不当，而不在理性本身。因为，传统理性主义的建构都基于意识哲学范式，那么只能片面地立足于主客关系，把理性设定为超自然、社会的绝对主体，以与作为客体的世界相对立。这使得理性单一化，仅成为工具理性，所关注的只是如何去主宰世界，而从不考虑它应有的其他表现及其位置；并且，这种狭隘理性一旦散布在所有存在者当中，便极易形成自我中心主义，从而导致人与人之间的相互压迫与摧残。所以，为了克服传统理性主义的缺陷，我们必须把理性从意识哲学范式过渡到交往哲学范式。也就是说，从传统的以绝对主体为中心的理性，转向自我与他人的交往模式。他相信通过交往理性的建立，就可以消除传统理性存有的个人意向、极权倾向等多方面的缺陷。但是，从他对人类交往模式的描述及其限定来看，哈贝马斯无疑又把人与人之间的交往行为的作用期望过高，最终必然使自己的理论陷入乌托邦之中。因此，如何形成多元一体的理性观是当代西方哲学家迫切需要解决的时代命题。

从历史看，当代西方哲学的转向主要生发在理性主体的定性上，即把它从绝对的超时空存在转变成具体的为尘世复杂关系所限制的历史性存在。应该说，这一巨大的哲学转向为当代西方文化增添了不少现实主义色彩，使它能够更清楚地认识到人的有限性，从而消解了传统理性主义故意附加在人身上的神秘光彩。但似乎又走向了另一极端，即只承认人是孤立片面的存在，而不敢再相信人亦存有共性普遍的一面，从而走向了相对主义。对此，我们可从以海德格尔为代表的存在论哲学看出。在分析"此在"的存在特性时，他说："此在的这种展开了的存在性质，这个'它存在着'，我们称之为这一存在者被抛入它的此的被抛状态。其情况是：这个存在者在世界之中就是这个此。被抛状态这个术语指的是应托付的实际状态。"① 意思是，"此在"是作为单独的个体与境遇相互结合的。在这里，海德格尔还用"抛"这一形象词语来表现这种境况，而所谓"抛"无非表示"此在"是在毫无前提的背景下即来到其生存世界，犹如一位孤儿。所以，"此在"之间没有任何"血缘"联系，都是绝对圆满而又彼此孤立的，那么，它们之间除却通过彼此残酷斗争以实现自我绝对圆满无待的目标之外，是不愿意放下屠刀的，更不要说在其之间达成一种默契了。这也就是萨特所言的"他人即是地狱"的真正内涵。由此可见，当代西方哲学若想从多元相对主义泥潭中超拔出来，必须进一步对其哲学基础进行升华，以便寻找到可使"此在"之间对话得以顺利进行的共同的人性论与宇宙本体论之观照背景。

儒家也承认人的认识存有历史境遇性，不同历史境遇下的认识往往不同：

> 以今观今，则谓之今矣。以后观今，则今亦谓之古矣。以今观古，则谓之古矣。以古自观，则古亦谓之今矣。是知古亦未必为古，今亦未必为今，皆自我而观之也。②

这说明人对古今的认识都是相对的，站在不同的角度就有不同的理解。儒家所主张的"权变"及反对"执一"而终的思想，在某种意义上就是考虑到人认识的历史境遇性特征。但这不代表人的认识仅能局限在历史境遇的分割状态中，而永无超越的可能。相反，儒家一直把人认识的历史境遇性只作为一种"特例"来理解，视为道与时相结合的产物："三皇同仁而异化，五帝同礼而异教，三王同义而异劝，五伯同智而异率。"③ 仁义礼智都为道的表征，"异化""异教""异劝""异率"则是道与时结合的"特例"。随着时代的变迁，

---

① 海德格尔：《存在与时间》，陈嘉映、王庆节译，第165-166页，三联书店1987年版。

② 邵雍：《观物内篇》，见《皇极经世》，李一忻点校，王从心整理，第386页，九州出版社2003年版。

③ 邵雍：《观物内篇》，见《皇极经世》，李一忻点校，王从心整理，第377页，九州出版社2003年版。

这些"特例"不一定完全正确，但其内含的道则为普遍永恒的。并且，儒家认为，只有立足于道的视域时的"特例"才具有真实的价值意义，如王弼说：

> 用一以致清耳，非用清以清也。守一则清不失，用清则恐裂也。故为功之母不可舍也。①

这即是认为，具体事物的特性非常有限，如果仅仅执着于事物自身的特性或作用，就不能保持和发挥出自己本有的价值，所以只有超越至全面的"一"（"道"）才能保持住事物自身的价值。但人们对周围事物的认识与评价都带有主观好恶的色彩，很少能爱而知其恶、憎而知其善。那么，如何来超越这种局限而达到"以道观物"的境界呢？儒家提出"正心"的德性修养方法：

> 所谓修身在正其心者，身有所忿懥，则不得其正；有所恐惧，则不得其正；有所好乐，则不得其正；有所忧患，则不得其正。②

就是说，要"正心"就必须祛除个体私欲，使人情与性合一。具体方法则展现为互换角度考察的"絜矩之道"：

> 所恶于上，毋以使下；所恶于下，毋以事上；所恶于前，毋以先后；所恶于后，毋以从前；所恶于右，毋以交于左；所恶于左，毋以交于右。此之谓絜矩之道。③

戴震解释说："凡有所施于人，反躬而静思之：'人以此施于我，能受之乎?'凡有所责于人，反躬而静思之：'人以此责于我，能尽之乎?'以我絜之人，则理明。"④ 就是说当你责备人的时候，就应该反思，别人这样责备你，你是否可以接受，如果能接受即为理，反之就是欲。通过这样的互换角度的反思考察，儒家认为人就能逐渐超越"我"的偏执，达到"以道观物"的境界，直至形成普遍客观的认识。这对现代西方理性的发展颇具启迪意义。

---

① 王弼：《老子·第三十九章》，见《王弼集校释》（上），楼宇烈校释，第 106 页，中华书局1980 年版。

② 《大学》，见《图解四书五经》，崇贤书院释译，第 6 页，黄山书社 2016 年版。

③ 《大学》，见《图解四书五经》，崇贤书院释译，第 8 页，黄山书社 2016 年版。

④ 戴震：《孟子字义疏证·理》，见《儒学精华》（下），张立文主编，第 2284 页，北京出版社1996 年版。

参考文献

[1] 江灏，钱宗武. 今古文尚书全译 ［M］. 周秉钧，审校. 贵州：贵州人民出版社，1990.

[2] 谢浩范，朱迎平. 管子全译 ［M］. 贵州：贵州人民出版社，1996.

[3] 刘俊田，林松，禹克坤. 四书全译 ［M］. 贵州：贵州人民出版社，1988.

[4] 鲍鹏山. 论语导读 ［M］. 上海：复旦大学出版社，2012.

[5] 杨逢彬. 孟子新注新译 ［M］. 北京：北京大学出版社，2017.

[6] 孔子，等. 图解四书五经 ［M］. 崇贤书社，释译. 合肥：黄山书社，2016.

[7] 杨柳桥. 庄子译注 ［M］. 上海：上海古籍出版社，2006.

[8] 楼宇烈. 王弼集校释 ［M］. 北京：中华书局，1980.

[9] 杨天宇. 礼记译注 ［M］. 上海：上海古籍出版社，2004.

[10] 北京大学《荀子》注释组. 荀子新注 ［M］. 北京：中华书局，1979.

[11] 张觉. 荀子译注 ［M］. 上海：上海古籍出版社，1995.

[12] 成玄英. 南华真经注疏 ［M］. 黄础基，黄兰发，点校. 北京：中华书局，1998.

[13] 邬国义，胡果文，李晓路. 国语译注 ［M］. 上海：上海古籍出版社，1994.

[14] 李梦生. 左传译注 ［M］. 上海：上海古籍出版社，1998.

[15] 曾振宇，傅永聚. 春秋繁露新注 ［M］. 北京：商务印书馆，2010.

[16] 韩敬. 法言全译 ［M］. 成都：巴蜀书社，1999.

[17] 王符. 潜夫论笺校正 ［M］. 汪继培，笺. 彭铎，校正. 北京：中华书局，1985.

[18] 罗钦顺. 困知记全译 ［M］. 阎韬，译注. 成都：巴蜀书社，2000.

[19] 嵇康. 嵇康集 ［M］. 鲁迅，点校. 北京：人民文学出版社，1985.

[20] 戴明扬. 嵇康集校注 ［M］. 北京：中华书局，2015.

[21] 韩愈. 韩愈全集 ［M］. 钱仲联，马茂元，校点. 上海：上海古籍出版社，1997.

[22] 柳宗元. 柳宗元集 ［M］. 易新鼎，点校. 北京：中国书店，2000.

[23] 黎靖德. 朱子语类 ［M］. 杨绳其，周娴君，校点. 长沙：岳麓书社，1997.

[24] 张载. 张载集 ［M］. 章锡琛，点校. 北京：中华书局，1978.

[25] 程颐，程颢. 二程集 ［M］. 北京：中华书局，1981.

[26] 刘禹锡. 刘禹锡集 ［M］. 卞孝萱，校订. 北京：中华书局，1990.

[27] 屈守元. 韩诗外传笺疏 ［M］. 成都：巴蜀书社，1996.

[28] 周敦颐. 周子通书 ［M］. 徐洪兴，导读. 上海：上海古籍出版社，2000.

[29] 陆九渊，王阳明. 象山语录　阳明传习录 ［M］. 杨国荣，导读. 上海：上海古籍出版社，2000.

［30］邵雍. 皇极经世［M］. 李一忻，点校. 王从心，整理. 北京：九州出版社，2003.

［31］吴光. 刘宗周全集［M］. 杭州：浙江古籍出版社，2007.

［32］吴廷翰. 吴廷翰集［M］. 容肇祖，点校. 北京：中华书局，1984.

［33］黄宗羲. 明儒学案［M］. 沈芝盈，点校. 北京：中华书局，1985.

［34］陈亮. 陈亮集［M］. 北京：中华书局，1974.

［35］王夫之. 船山思问录［M］. 严寿澂，导读. 上海：上海古籍出版社，2000.

［36］王夫之. 读通鉴论［M］. 伊力译. 北京：团结出版社，2018.

［37］李贽. 焚书［M］. 北京：中华书局，1975.

［38］李贽. 藏书［M］. 北京：社会科学文献出版社，2000.

［39］方以智. 通雅［M］. 北京：中国书店，1990.

［40］唐甄. 潜书注［M］.《潜书》注释组，注. 成都：四川人民出版社，1984.

［41］曹端. 曹月川集［M］. 上海：上海古籍出版社，1991.

［42］李零. 郭店楚简校读记［M］. 北京：北京大学出版社，2002.

［43］徐志锐. 周易大传新注［M］. 济南：齐鲁书社，1986.

［44］李德顺. 价值新论［M］. 北京：中国青年出版社，1993.

［45］马俊峰. 评价活动论［M］. 北京：中国人民大学出版社，1994.

［46］王海明. 新伦理学［M］. 北京：商务印书馆，2001.

［47］亚里士多德. 尼各马科伦理学［M］. 苗力田，译. 北京：中国社会科学出版社，1990.

［48］科斯洛夫斯基. 伦理经济学原理［M］. 孙瑜，译. 北京：中国社会科学出版社，1997.

［49］麦金太尔. 德性之后［M］. 龚群，戴杨毅，等译. 北京：中国社会科学出版社，1995.

［50］西季威克. 伦理学方法［M］. 廖申白，译. 北京：中国社会科学出版社，1993.

后 记

　　"尊德性而道问学"一直是中国古代知识分子治学修身的根本宗旨，对整个中国社会生活影响深远，甚至评价一个人也会考虑其德性好与不好。然而，这样一个重要的哲学概念一直缺乏详细的研究和探讨，以致我们在使用德性概念时只能停留在人云亦云层面。究竟什么是"德性"？它是一成不变的还是历史性的？古人的"德性"内涵与今人的理解有无区别？带着这些疑惑，我们开始对儒家德性思想展开学习和研究。但后来由于其他事务的干扰，我们的研究一直断断续续，直到近两年才得以有完整的时间让我们完成该项研究工作。

　　本书先从历史脉络探索儒家德性思想形成与发展的历史，视其为在不同历史阶段有着不同内涵的存在。随后，开展了专项性研究，分别从主要特征、修养方法、价值诣趣等多方面进行了探索。最终，我们发现儒家德性思想内涵丰富，不仅有通常意义上的伦理观念，更代表一种特有的解读世界的思维方式，是儒家最根本的特色所在。但限于能力和精力，本书有很多能够展开却没有进一步深入论述的地方，我们深感遗憾。

　　本书的出版得到了众多师友的关怀与帮助，尤其需要感谢我的导师马俊峰教授，在整个写作过程中他给予了我们悉心的指导。湖南大学出版社的邹丽红编辑为本书的编辑出版付出了辛勤劳动，她的奉献精神让我敬佩。同时，本书出版得到了安徽工程大学马克思主义学院一流学科建设经费的资助，在此表示真诚的感谢。

张　刚

2020 年 11 月